《意志力》所获赞誉

意志力几乎影响着我们生活的每个方面，从拖延工作到存钱养老，到锻炼身体等等。蒂尔尼和鲍迈斯特呈现给我们一本好书。在这本书中，他们不仅与我们分享了有趣的研究，而且提供了简单的技巧，帮助我们修炼这个重要品质。

——丹·艾瑞里（Dan Ariely），杜克大学教授，《怪诞行为学》（*Predictably Irrational*）作者

《意志力》简直太有意思了，你一读就停不下来。它引人入胜地介绍了自我控制这门振奋人心的新学科，它的作者就是建立这门学科的科学家以及报道这门学科的记者。

——丹尼尔·吉尔伯特（Daniel Gilbert），哈佛大学教授，《哈佛幸福课》（*Stumbling on Happiness*）作者；美国公共电视台（PBS）电视系列节目《情感生活》（This Emotional Life）主持人

谁知道讨论这么一个枯燥话题的书竟然如此具有启发意义，而且非常精彩迷人！蒂尔尼和鲍迈斯特创作了一部智慧含量很高的作品，该作品满是有关现代生活核心要素的有趣信息和伟大建议。好！

——戴维·艾伦（David Allen），《搞定：无压工作的艺术》（*Getting Things Done：The Art of Stress-Free Productivity*）和《搞定：平衡工作与生活的艺术》（*Making It All Work：Winning at the Game of Work and the Business of Life*）作者

意志力研究介于科学和行为学的交叉处。《意志力》是极富创造力的科学家罗伊·鲍迈斯特和极富新闻嗅觉的记者约翰·蒂尔尼的合作结晶。错过它，后果自负。

——斯蒂芬·都伯纳（Stephen Dubner），《魔鬼经济学》（*Freakonomics*）和《超爆魔鬼经济学》（*Super Freakonomics*）的作者之一

意志、意志力和心智能量一直是现代心理学回避的东西。世界最杰出的实验社会心理学家罗伊·鲍迈斯特和著名记者约翰·蒂尔尼合作，让意志回到了原本属于它的地方——舞台中央。对我们所有想健身、节食、管理时间、节约或者抵制诱惑的人来说，这是一本必读书。

——马丁·塞利格曼（Martin Seligman），宾夕法尼亚大学教授，美国心理学会前会长，《真正的幸福和兴旺》（*Authentic Happiness and Flourish*）作者

对每个想减肥、戒烟、少喝酒或者更高效、更省力地工作的人来说，这是来自天堂的手册。《意志力》精妙绝伦又浅显易懂，探寻了人类心理比较难以捉摸的领域之一：为什么我们明知道不好却偏偏要做。除此之外，《意志力》具有很强的趣味性，就经过漫长进化变得超级复杂的人类大脑讲了很多引人入胜的故事。从各方面来说，《意志力》都是一项杰出的成就。

——克里斯托弗·巴克利（Christopher Buckley），《谢谢你抽烟，还谢谢你把妈妈和狗狗丢了》（*Thank You for Smoking and Losing Mum and Pup*）作者

本书引人思考地深入分析了人们与诱惑的斗争，对有关意志力的问题形成了专业的看法：为什么我们有意志力，为什么我们没意志力，如何培养意志力。了不起！

——拉维·达尔（Ravi Dhar），耶鲁管理学院教授，用户观察中心（Yale Center for Customer Insights）主任

如果幸福是快感的总和，那么获得幸福人生的秘诀就是吸毒。但问题是，要获得更深刻的幸福，我们不能总是选择容易的那条路。有时候，我们需要咬咬牙，走上那条荆棘密布的路。坚强的意志才是能够帮助我们笑到最后、笑得最好、笑得最有意义的秘诀。在人生中，在事业上，在家庭中，只有意志力顽强的人，才能走得更远。

——周欣悦，中山大学心理学系教授

献给我们的孩子

| 雅典娜和卢克 |

目 录

序

罗伊·鲍迈斯特对我来说，亦师亦友。他是社会心理学的泰斗之一，位列全球高引用率心理学家榜，开辟和拓展了社会心理学的很多研究领域。我有幸跟他一起合作做了很多有趣的研究。

几天前，我在芝加哥和他一起吃饭，恭喜他获得美国心理科学协会（Association for Psychological Science）的威廉·詹姆斯奖（这个奖是美国心理学界的最高荣誉之一）。我们聊到这本书即将在中国出版。我告诉他，这本书应该也可以在中国畅销，因为中国文化是非常强调意志力的。事实上，我们文化当中的一些思想跟他的研究不谋而合。例如，孟子说："故天将降大任于斯人也，必先苦其心志，劳其筋骨，饿其体肤，空乏其身，行拂乱其所为，所以动心忍性，增益其所不能。"

世界是个很奇妙的地方。有些地方气候温暖，物产丰富，土地肥沃，撒把盐都能开花，偏偏那些地方的人民懒到不可思议，整天对着大海跳舞唱歌，不思劳作，哪怕经济崩溃也不愿意节衣缩食。可是另外一些地方呢？气候恶劣，物资匮乏，偏偏有一批勤劳坚韧的人民。我印象比较深刻的那些拥有强大意志力的民族（如日本和芬兰），偏偏都环境恶劣。不过话又说回来，如果不是这样的文化、这样的人民，他们又如何能在这样贫瘠的土壤上繁荣富强呢？跟罗伊快吃完饭时我们产生了一个有趣的想法，如果能够把《意志力》这本书在全球各个国家的销量跟每个国家的经济水平或者增长水平做一个相关，那是不是能说明点什么呢？

1972 年，美国斯坦福大学校园的一家幼儿园里，心理学教授沃尔特·米歇尔做了这样一个有趣的实验，被称为斯坦福棉花糖实验。研究者找来了一些 4 岁的小孩，让他们单独待在一间小房间里，桌子上的托盘里有一样那个年代的小孩子很难抵御的诱惑———一颗棉花糖。研究者告诉孩子们说她要离开一会儿，如果孩子们想要在这期间吃掉桌子上的那颗棉花糖，那他们就需要摇一个摆在桌子上的铃铛。但是，如果他们能忍住暂时不吃这颗棉花糖，坚持等 15 分钟到研究人员回来后再吃，那么研究者就会再给这些孩子每人一颗棉花糖作为奖励。这个任务是考察孩子的意志力的。用心理学的术语来描述，是一种延迟满足能力。

你大概已经猜到了，这些小孩在意志力上差异很大。有些压根儿无法抵制诱惑，有些坚持不到 3 分钟就放弃了，有些甚至没有按铃就直接把糖吃掉了。而另外一些孩子则比较能忍，成功延迟了自己对棉花糖的欲望，他们用意志力战胜了诱惑，等到研究人员回来兑现了奖励。

有趣的是，研究者追踪了这群小孩很长一段时间，发现那些在4岁时就能够用意志力抵抗诱惑的小孩进入青少年时期后心理调节能力更强，也更值得人信赖，参加"美国高考"SAT的分数更高，成年后的人生也更加成功。也就是说，成功和意志力是分不开的。我们需要意志力来抵御即时诱惑。我们每天早上都咬着牙起床来辛勤工作，但只有月底才能拿到薪水。我们寒窗苦读十几年，只为了十几年后能找到工作，获得成功。只有意志力坚强的人，才能为了将来的收获克己忍耐，收获长远的成功。最近发表在《美国科学院院报》上的一项研究表明，高延迟满足者在完成意志控制任务时前额叶皮质兴奋度更高，而低延迟满足者纹状体（与成瘾有关的区域）兴奋度更高，算是为这个现象找到了神经机制。

有些人说人生苦短，及时行乐又何妨？何必要那么苦苦地约束自己呢？但事实上，及时行乐的人生不见得是幸福的人生。多年来，我通过对幸福感的研究得出了一个有趣的结论：快感不等于幸福。即使我们每时每刻都在享乐，都在满足自己的欲望，这样的人生，也不会是幸福的人生。反过来，意志力会让我们去抵御诱惑，为了某个目标去做一些艰苦的事情。虽然这听起来很"苦悲"，但是在这个过程当中，我们的生活拥有了意义，我们的人生得到了升华。如果幸福是快感的总和，那么获得幸福人生的秘诀就是吸毒。但问题是，要获得更深刻的幸福，我们不能总是选择容易的那条路。有时候，我们需要咬咬牙，走上那条荆棘密布的路。坚强的意志才是能够帮助我们笑到最后、笑得最好、笑得最有意义的秘诀。在人生中，在事业上，在家庭中，只有意志力顽强的人，才能走得更远。

周欣悦
中山大学心理学系教授

引 言

　　不管你如何定义成功——家庭美满，拥有知己，腰缠万贯，经济有保障，做自己喜欢做的事情，等等，往往都需要具备几个品质。心理学家在寻找能预示成功的个人品质时一致发现，智力和自制力最能预示成功。到目前为止，研究者仍然不知道如何永久性地提高智力，但是他们发现了，或者至少重新发现了提高自制力的方法。

　　我们认为，研究意志力和自我控制，是心理学家最有希望为人类幸福做出贡献的地方。意志力让我们在大大小小的方面改变自己和社会。达尔文在《人类的起源》里写道："当我们认识到应该控制自己思想的时候，便是道德修养达到最高阶段的时候。"维多利亚时代的意志力理念后来不再受欢迎了，因为 20 世纪有些心理学家和哲学家认为意志力连存在与否都值得怀疑。鲍迈斯特本人最初也对意志力持怀疑态度，但是他后来在实验室观察到了意志力：意志力如何让人有力量坚持下去，意志力耗尽的人如何失控，血液里的葡萄糖如何给心智能量补充燃料。他和合作者发现，意志力像肌肉一样，过度使用就会疲劳，长期锻炼就会增强。自从鲍迈斯特的实验首次证明了意志力的存在，意志力就成了社会科学领域被人研究最多的主题之一（而那些实验现在是心理学中被人引用最多的研究之一）。他和世界各地的同行发现，增强意志力是让生活变得更好的最保险的方式。

他们认识到了，最主要的个人问题和社会问题，核心都在于缺乏自我控制：不由自主地花钱借钱，冲动之下打人，学习成绩不好，工作拖拖拉拉，酗酒吸毒，饮食不健康，缺乏锻炼，长期焦虑，大发脾气……自制力差几乎与各种人生悲剧都有关：失去朋友，被炒鱿鱼，离婚，坐牢……它会让你输掉美国公开赛，就像著名网球运动员塞雷娜·威廉姆斯（小威廉姆斯）曾经发生的悲剧；它会毁掉你的事业，就像一个又一个卷入性丑闻的政客。摧毁整个金融体系的过度借贷和过度投资，要部分归咎于人们的自制力太差；很多人没有存够养老钱，前景凄凉，也要部分归咎于他们的自制力差。

让人们说说自己最大的优点，他们往往会说自己诚信、善良、幽默、勇敢、富于创造力，甚至谦虚等，但是很少有人说自己的优点是自制力强。研究者在问卷中列出了二十来个"性格优点"，在世界各地调查了几千人，发现选择"自制力强"作为自身优点的人最少。不过，当研究者问到"失败原因"时，回答"缺乏自制力"的人最多。

　　当今人们面对的诱惑比以往任何时候都多，让人防不胜防。你的身体也许在尽职地上班，但是你的思想却可能随时开小差。你可能查看电子邮件、上脸谱网、聊MSN或者玩游戏，磨磨蹭蹭，就是不想干活。一个典型的计算机用户每天登录不止三打网站。你也许疯狂购物10分钟就用完甚至超过1年的预算——诱惑无时不在。我们经常认为意志力是临时动用处理紧急事件的力量，但是鲍迈斯特及其同事在最近的一项研究中发现，事实并非如此。他们在德国中部招募了200个配有BP机（传呼机）的男女，每天从早到晚不定时传呼他们7次，让他们报告自己当时是否正在体验某种欲望或者刚刚体验过某种欲望。这项辛苦的研究，由威廉·霍夫曼（Wilhelm Hofmann）主持，一共收集了1万多次报告。

　　原来，有欲望才是正常的。BP机响起的时候，10次中大约有5次，人们正在体验某种欲望；还有2次，人们在几分钟前刚刚体验过某种欲望。这些欲望，很多是人们努力抵制的。结果表明，人们醒着的时候，把大约1/4的时间用来抵制欲望——每天至少4小时。换句话说，你随便哪个时间碰到的4个人当中就有1个正在用意志力抵制欲望，但那并不涵括所有运用意志力的情况，因为有时人们也运用意志力做其他事情，比如决策。

　　在BP机研究中，人们最常抵制的欲望，首先是食欲，其次是睡欲，然后是休闲欲——像工作期间休息一下，猜猜谜语、玩玩游戏，而不是整理备忘录。接下来是性欲，再往后是其他各种交往欲——像查看电子邮件、上社交网站、浏览网页、听音乐或看电视。人们报告说，为了抵制欲望，他们使用了各种各样的策略。最普遍的是找些什么事做以分散注意力，不过有时候会直接压抑或者苦苦忍受。这些策略能否成功，因具体欲望而异，对抵制睡欲、性欲或购物欲来说，效果非常好，对抵制看电视或上网的欲望或者一般休闲欲来说，效果不是太好。平均而言，用意志力抵制欲望，10 次当中只有 5 次是成功的。

50% 的失败率听起来让人灰心，而且根据历史标准来看这个失败率也许还要更糟。我们无法知道，BP 机和实验心理学家出现之前的时代，人们是如何运用自制力的，但是那时的人所承受的压力普遍小于现在的人。在中世纪，大部分人是农民，在田地里长时间干着单调的农活儿，身边经常备着大量麦芽酒。他们不会削尖脑袋往上爬，所以不记考勤（也不是非常需要保持清醒）。除了酒、性、闲散以外，他们的村庄也没有多少显而易见的诱惑。人们之所以修身养性，主要是因为不想在公众面前丢脸，而不是因为热衷于追求完美。中世纪天主教的救赎，更多地在于敦促人们加入教会、遵守教规，而不是在于运用意志力做出英勇之举。

但是，到了 19 世纪，农民迁入工业城市，不再受村庄教会、社会压力和普世信念的约束。宗教改革让宗教变得更个人主义，启蒙运动弱化了人们对所有教义的信仰。随着中世纪欧洲的道德确然性和僵化制度渐渐消逝，"维多利亚人"认为自己生活在一个过渡时代。当时有个流行的辩论话题，即道德能否离开宗教存活下去。维多利亚时代的很多人开始怀疑基于神学的宗教原则，但是他们假装自己是忠实信徒，因为他们认为维护道德是他们的公共职责。今天，我们很容易嘲笑他们的虚伪和假正经，就像嘲笑他们套在桌腿上的花边套子一样——不准裸露脚踝！不准挑逗人！如果你读过他们最诚挚的有关上帝和职责的布道，或者他们比较古怪的性理论，你就可以理解为什么那个时代的人转向奥斯卡·王尔德的哲学寻求解脱："我可以抵制一切，诱惑除外。"但是，因为新的诱惑不断出现，他们自然而然地寻找新的力量源泉。随着城市集中出现的道德败坏和社会病让"维多利亚人"担忧，他们开始寻找某种比神恩更有形的东西，某种连无神论者都保护的内在力量。

他们开始使用"意志力"一词，因为他们普遍认为其中涉及某种力量——某种内在的等价于工业革命时代蒸汽机的东西。为了增加意志力储备，人们听从英国人塞缪尔·斯迈尔斯（Samuel Smiles）在《自助》（*Self-Help*）中的劝勉。《自助》是 19 世纪大西洋两岸最受欢迎的一本书。"天才就是耐性"，他提醒读者，然后从伟大科学家牛顿列举到美国内战期间著名南军将领"石墙"杰克逊（Stonewall Jackson），解释说每个人的成功都是"自我克制"和"坚持不懈"的结果。维多利亚时代的另外一位大师，美国牧师弗兰克·詹宁·哈德克（Frank Channing Haddock）出版了一本后来畅销国际的书，书名很简单——《意志的力量》（*The Power of Will*）。为了显得具有科学性，他把它称为"一种量可以增加、质可以发展的能量"，但是他不知道——更没有证据证明它到底是什么。在这个问题上更有发言权的西格蒙德·弗洛伊德也有类似看法，他提出理论说自我依靠的是涉及能量转移的心智活动。

但是，后来的研究者一般并不理会弗洛伊德的能量自我模型。直到最近，在鲍迈斯特的实验室，科学家们才开始系统地考察这个能量源泉。之前几个世纪的大部分时间，心理学家和教育家等一些饶舌的人，一直在寻找各种各样的理由来证明它并不存在。

意志的衰退

不管是查阅各种学会年鉴还是阅读机场励志书，你都会清楚地发现，19世纪的"修身养性"（character-building）理念早过时了。20世纪的人之所以不再那么迷恋意志力，部分是因为"维多利亚人"太过迷恋意志力，部分是因为经济变化和世界大战。"一战"持续很久的流血杀戮，似乎就是因为太多固执的绅士恪守"职责"直到枉死。美国以及大部分西欧的知识分子提倡更轻松的生活观——不幸的是，德国的知识分子没有，相反，他们发展出了"意志心理学"（psychology of will），在惨淡的战后恢复期引导德国走下去。那个主题后来得到了纳粹的拥护，臭名昭著的政治宣传片《意志的胜利》

（*The Triumph of the Will*）就是最好的证据。这部片子是德国女导演莱妮·里芬斯塔尔（Leni Riefenstahl）为纳粹拍摄的，专门记录了 1934 年的纳粹集会。纳粹人"广大民众服从一个反社会者"的理念，实际上就是"维多利亚人""个人道德力量"的理念，只是前者没有后者光彩。如果纳粹代表了意志的胜利……好吧，说到对公众的坏影响，没人堪比阿道夫·希特勒。

意志的衰退好像不是一件那么坏的事情，而且，"二战"过后又有其他力量让意志继续变弱。技术进步让商品越来越便宜、人们越来越富裕，因此刺激消费对经济的增长至关重要，广告催促大家立即就买。社会学家识别出新一代"受他人引导的人"，引导这些人的，不是他们内心强烈的道德信仰，而是周围人的看法。维多利亚时代严肃的励志书，渐渐被人视为坐井观天。新的畅销书是欢快的，像戴尔·卡内基的《人性的弱点》和诺曼·文森特·皮尔（Norman Vincent Peale）的《积极思考的力量》（*Power of Positive Thinking*）。卡内基花了 7 页笔墨教人如何微笑。他解释说，正确的微笑能赢得别人好感，而赢得了别人好感，成功就有了保障。皮尔和其他作者想出了更简单的办法去获得成功。

"物理学的基本因素是力，心理学的基本因素是可以实现的愿望，"他说，"坚信自己会成功的人，已经成功了一半。"拿破仑·希尔的《思考致富》（*Think and Grow Rich*）畅销不衰。在书中，他首先让读者决定自己想要多少钱并把答案写在纸上，然后让读者"相信你自己已经拥有了那么多钱"。这些大师们的书会继续卖到本世纪末，他们的成功学可以浓缩成一句口号："只要相信，就能实现。"

人们性格的这种转变被一位精神分析师注意到了。这位精神分析师名叫艾伦·惠理斯（Allen Wheelis），他于 20 世纪 50 年代末揭露了精神分析行业的一个小秘密（他认为是肮脏的小秘密）：弗洛伊德学派的治疗方法变样了。在划时代巨著《身份的追寻》（*The Quest for Identity*）中，惠理斯介绍了自弗洛伊德时代以来人们的性格变化。弗洛伊德的病人，大多是维多利亚中产阶级公民，意志非常坚强，治疗师很难瓦解他们的牢固防御、改变他们的是非观。弗洛伊德治疗方法的核心在于：瓦解病人的防御，让病人明白自己为什么神经质、为什么痛苦，因为病人一旦获得了那些领悟就会相当容易地做出改变。然而，到了 20 世纪中叶，人们的性格变了。惠理斯及其同事发现，与弗洛伊德时代的人相比，现代的人能更快获得领悟，但是病人获得领悟后，治疗往往就会陷入僵局、最后失败。现代人不如"维多利亚人"坚毅，因此没有力量在领悟之后改变自己。惠理斯使用弗洛伊德学派术语讨论西方社会超我的衰退，但是他说的实际上是意志力的衰退。在意志力衰退的同时，出现了一句反主流文化口号——"只要觉得好，那就做吧！"所有这一切都发生在 20 世纪 60 年代，即婴儿潮出生的那代人成年之前。

大众文化一直在为 20 世纪 70 年代出生的"唯我的一代"

（Me Generation）的自我放纵而欢呼，而且意志力再次遭到批判。这次批判来自社会科学家，他们的人数和影响力在 20 世纪末急剧增加。大多数社会科学家从非个人因素中寻找品行不端的原因：贫穷，相对地被剥夺、压迫，环境或者说经济政治体系的失败。寻找外部因素，能让每个人都更舒服一些，特别是能让很多学者舒服一些。这些学者担心，暗示人的问题是由人的自身原因造成的，就有可能犯下政治上不正确的罪孽——"责怪受害者"。而且，社会问题好像比性格缺陷更容易解决，至少那些提出新的政策方案来解决社会问题的人是这么认为的。

　　"人可以有意识地控制自己"的理念，曾经一直受到心理学家的怀疑。弗洛伊德学派宣称，成人的很多行为是无意识的力量和过程造成的。伯尔赫斯·弗雷德里克·斯金纳（Burrhus Frederick Skinner）根本不尊重意识等心理过程的价值，认为只需把它们看作强化的权变因素。他在《超越自由与尊严》（*Beyond Freedom and Dignity*）中说，为了理解人性，我们必须超越书名中那些过时的价值观。斯金纳的很多具体理论都被弃而不用了，不过他的一些思想在那些坚信意识服从无意识的心理学家中间却获得了新生。意志变得如此不重要，以至现代人格理论甚至没有考虑提到意志。有些神经科学家宣称已经证实意志并不存在。很多哲学家拒绝使用"意志"一词。他们在辩论"意志的自由"这个经典哲学话题时宁愿说"行动的自由"而非"意志的自由"，因为他们怀疑是否存在"意志"

这种东西。而有些人提到"意志"时则轻蔑地说"所谓的意志"。最近，有些学者甚至提出，必须修订法律体系，废除"自由意志和责任"这个过时的理念。

鲍迈斯特 20 世纪 70 年代在普林斯顿作为一位社会心理学家刚刚开始工作时，也和很多人一样怀疑意志的存在。当时，心理学家们没把焦点放在自我控制上，而是放在自尊上。他也随大溜地研究自尊，还成了那个领域的佼佼者，证明了更相信自己的能力和价值的人往往更幸福、更成功。那么为什么不帮助人们通过想办法提高自信来获得成功呢？对心理学家以及广大民众来说，这个目标看似足够合理。当时，很多人购买了大力提倡自尊和"赋能授权"（empowerment）方面的畅销书，像《我好，你好》（*I'm OK, You're OK*）、《唤醒心中的巨人》（*Awaken the Giant Within*）等等。但是，最终结果令人失望，不管是在实验室内还是实验室外。国际调查表明，美国八年级学生超级相信自己的数学能力，但是他们在数学测验上的得分远远低于没有他们那么自信的韩国、日本等国家的学生。

与此同时，20 世纪 80 年代，几个研究者开始对"自我调节"（self-regulation）感兴趣——心理学家用自我调节指称大众意义的自我控制。自我控制的复兴运动并不是由理论家领导的，他们当时仍然认为意志力是维多利亚时代一个古怪的迷思。但是，一些在实验室或现场工作的心理学家，不断碰到某种特别像意志力的东西。

意志的回归

心理学从不缺乏优秀的理论。人们喜欢认为心理学的发展多亏了某些思想家惊人的新见解，但是事实通常并不是这样。形成思想并不难，每个人心中都有一套理论来解释人的行为。正因为如此，心理学家公布自己的发现后容易招致别人不屑一顾地说"哦，我奶奶知道那个"——这是心理学家最反感的。一门学科的发展，一般并非依靠理论，而是依靠有人找到巧妙方法验证理论。沃尔特·米歇尔（Walter Mischel）就是这么做的。他与同事并没提出什么自我调节理论，实际上，最初很多年，他们甚至没有用"自我控制"或"意志力"之类的字眼来讨论他们的发现。

在研究儿童如何学习抵制即时满足时，他们找到了一个颇具创造性的方法——在4岁孩子身上观察这一过程。实验人员每次带一个孩子到一个房间，向孩子展示一颗棉花糖，然后告诉孩子，自己要离开房间一下。这段时间内，孩子随时可以把面前的棉花糖吃掉，但是，如果孩子等到自己回来后再吃，就可以吃更多棉花糖，通常是两三颗。等实验人员一走，不同孩子之间的差别就显现出来了：有的立即大口吃掉了棉花糖，有的想抵制诱惑但没有坚持住，有的一直坚持了15分钟等来了更多棉花糖。成功坚持下来的，往往是那些找事做转移注意力的孩子。这个发现在当时（20世纪60年代）看来足够有趣。

然而，很久之后，米歇尔又有了其他发现，这多亏了他的好运气。他自己的女儿恰好就在他做棉花糖实验的那个学校，即斯坦福大学附属幼儿园上学，有很多同学参加了棉花糖实验。在实验结束很久他已转到其他研究主题上后，他开始不断从女儿那里听说女儿同学的情况。他注意到，未能坚持等到更多棉花糖的小孩好像比其他小孩更容易出问题，不管是在学校里面还是在学校外面。为了看看是否存在什么模式，米歇尔及其同事跟踪调查了几百个参加过棉花糖实验的小孩。他们发现，4 岁时意志力最强的小孩，长大后学习成绩较好。坚持了 15 分钟的小孩，长大后的学术能力评估测试（Scholastic Assessment Test，简称 SAT）成绩比不到半分钟就放弃的小孩高 210 分。意志力强的小孩，长大后更受同伴和老师欢迎，工资更高，体重指数更低（说明更不容易中年发福），更不可能出现吸毒问题。

这个结果令人震惊，因为很少有什么东西能在童年时评估一下就能在统计学意义上显著地预测成年时期的很多东西。确实，这是对强调早期的童年经历是成年人格之基础的弗洛伊德学派精神分析取向心理学的极大肯定。20 世纪 90 年代，马丁·塞利格曼（Martin Seligman）回顾这方面的文献后得出结论说，实际上没有证据表明早期的童年经历对成年人格存在因果影响（严重创伤和营养不良可能除外）。他指出，童年时期的测评指标与成年时期的测评指标之间只存在少数几个显著相关，这些相关可以解释为基本上反映了遗传（天生）倾向。抵制棉花糖诱惑的意志力，可能确实有先天成分，但是好像后天也可以改变。因为大多数个人特质既有先天成分又有后天成分，所以很少有童年优势让人整个一生都能享受红利的现象。意志力强就是那少数几个红利中的一个，而且，其红利在有人评估了自我控制的所有好处后显得更加引人注目。

1994 年，鲍迈斯特与凯斯西储大学的研究员兼教授黛安娜·泰斯（Dianne Tice，他的妻子）以及哈佛大学教授托德·海瑟顿（Todd Heatherton）合写了一本书《失控：自我调节如何以及为什么失败》（*Losing Control: How and Why People Fail at Self-Regulation*）。在书中，他们列举了很多证据说明自我调节失败对高离婚率、家庭暴力、犯罪以及很多其他问题的"贡献"，然后总结说："自我调节失败是我们这个时代最主要的社会病。"那本书激发了更多的实验和研究，还催生了测评自制力的人格测验。有研究者探求学生的成绩与 30 多个人格特质之间的关系，发现自制力是唯一比运气更能预测一个大学生的平均成绩的特质。还有研究者证明，自制力得分比智商、比学术能力评估测试成绩更能预测大学成绩。尽管智商高显然是个优势，但是研究表明自制力更重要，因为它有助于学生早到课堂、早做作业、多学习少看电视。

在职场，自制力测验得分高的管理者，下属、同级对他们的评价也高。自制力强的人，似乎特别擅长与别人形成并维持安全而满意的依恋关系。研究表明，他们具有更强的同理心，更擅长换位思考。他们情绪更稳定，更不容易出现焦虑、抑郁、偏执、精神问题、强迫行为、进食障碍、酗酒问题以及其他疾病。他们更少动怒，而且他们动怒的时候更不可能出现攻击行为（不管是言语的还是身体的）。对比之下，自制力差的人，更可能一而再再而三地攻击伴侣，犯下各种各样的罪行，正如琼·坦尼（June Tangney）表明的那样。坦尼与鲍迈斯特合作开发了测评自制力的人格测验，她让一批囚犯做了这个测验，然后在他们出狱后跟踪观察数年，发现自制力差的人最可能再次犯罪回到监狱。

最有力的证据发表在 2010 年。一个国际研究团队付出很多艰辛做了一项规模和深度空前的长期研究，在新西兰选取了 1000 名儿童，从他们出生一直跟踪调查到了他们 32 岁。每个孩子都测了自制力，测评方式多种多样（综合考虑了研究者的观察以及父母、老师和孩子自己报告的问题行为），这样得到的分数比较可靠。研究者探求童年时期和青少年时期的自制力得分与成年时期的多个结果变量之间的关系，得到了几点发现。自制力强的孩子长大成人后身体更健康，患肥胖症的概率更小，患性传播疾病的概率更小，连牙齿都更健康（显然，自制力强的人，刷牙洁齿更勤快）。自制力与成年抑郁不相关，但是缺乏自制力的人更容易出现酗酒、吸毒问题。自制力差的孩子长大后经济状况更差，工资相对更低，银行没有什么存款，拥有房子或者存养老钱的可能性更小。自制力差的孩子长大之后更可能成为单身父母，这可能是因为他们不够自律，很难维持长期关系。自制力强的孩子长大成人后婚姻稳定、与配偶一起抚养孩子的可能性要大很多。最后但绝非最不重要的是，自制力差的孩子长大后进监狱的可能性更大。自制力最差的那组，超过 40% 的人在 32 岁之前犯了罪，而青少年时期自制力强的那组，这一比例只有 12%。

当然，某些差异与智力、种族或社会阶层有关，但是，把那些因素都当作控制变量考虑在内进行分析后，上述所有相关仍然是显著的。在一项跟踪研究中，同一研究者观察同一家庭的兄弟姐妹，以比较家庭背景类似的孩子。研究者再次发现，兄弟姐妹中童年时期自制力差的孩子长大后的情况相对较差：身体、经济状况不如其他兄弟姐妹，蹲监狱的可能性更大。结果再清晰不过：自制力是至关重要的一个力量，是人生成功的一个关键。

进化和礼仪

当心理学家在研究自制力有什么好处时，人类学家和神经科学家却在研究自制力是如何进化的。人类大脑的前额叶特别大、特别复杂，这样人类才有一个关键的进化优势：解决问题的智慧。毕竟，聪明的动物比愚蠢的动物更有可能生存繁衍下去。但是，大脑越大，所需能量就越多。成年人的大脑，只占总体重的 2%，但是消耗总能量的 20%。人类大脑比动物大脑多出来的灰质只有在动物想获取额外能量维持其大脑运转时才会显示出其优势，但科学家却并没有弄清楚大脑是如何给自身供给能量的。那么，到底是什么让这个有着如此强大的前额叶的大脑统摄基因库的呢？

早期有个解释涉及香蕉等富含卡路里的水果。吃草的动物不需要为下一餐在哪儿吃进行多少思考，但是以香蕉为食的动物需要动更多的脑子来记住哪里的香蕉熟得恰到好处，因为同一片香蕉林，一周前还挂满软硬适中的黄香蕉，今天可能已经被摘干净了，或者只剩下一些黏糊糊的褐皮香蕉。而且，香蕉所含的卡路里可以为大脑提供能量。所以"找水果的大脑"理论是讲得通的，但是仅限于理论上。人类学家罗宾·邓巴（Robin Dunbar）并没有找到支持这一理论的证据。他调查了不同动物的大脑与饮食，发现大脑的大小与食物的类型并不相关。邓巴最后下结论说，大脑进化得越来越大，并不是为了应付物理环境，而是为了应付社会环境——适应社会环境的能力对生存更为重要。大脑较大的动物，社交网络更大、更复杂，因此，他提出了一种新解释。人类是前额叶最大的灵长类动物，因为人类的社交圈子最大，因此，我们对自制力的需求也日趋增加。我们倾向于认为意志力是一种用于自我改善——按规定饮食、按时完成工作、慢跑、戒烟——的力量，但是那很有可能不是意志力在我们祖先身上进化得如此充分的主要原因。灵长类动物是群居的，必须控制自己才能与群体里的其他个体好好相处。它们互相依赖，以获取生存所需的食物。分配食物时，往往是最大最强的雄性第一个选择吃什么，其他个体则按照地位依次排列等候。为了在这样的群体里安然无恙地生存下去，它们必须克制立即就吃的冲动。猩猩和猴子的大脑如果像松鼠的那么小，就不可能和平地吃完饭。为争夺食物而消耗的卡路里也许要多于食物能够提供的卡路里。

尽管其他灵长类动物也有一定的自制力，展现出了一些初级的进餐礼仪，但是按人类标准来说，它们的自制力仍然很弱。专家推测，最聪明的非人灵长类动物可以预测未来大约20分钟以内的情况——这个时间长度足以让头号雄性先吃完，但是不足以为进餐之外的事情做计划。（有些动物，像松鼠，靠本能储存食物过冬，但是这些是程序化行为，不是有意识的计划。）有人做了一个实验，每天只在中午给猴子喂一顿，结果发现，猴子永远学不会为未来储存食物。即使中午那顿猴子可以想拿多少就拿多少，它们也只是满足于吃饱，要么对剩下的食物视而不见，要么拿剩下的食物互相打着玩儿。它们每天早上都会饿着醒来，因为它们从来想不到在中午存些食物留到晚上或者第二天早上吃。

人类要聪明得多，这多亏了200万年前我们的智人祖先发展出了大大的大脑。自制力大多是无意识地起作用的。商务午餐会上，你不必有意识地控制自己不去吃上司盘子里的东西——你的无意识脑一直在帮你避免在社交场合出丑。因为无意识脑在这么多方面微妙地起着强大的作用，所以心理学家把它视为真正的老板。对无意识过程的这一迷恋，源自研究者犯下的一个根本错误：把行为分割得太细，所得的行为片段发生得太过迅速，意识脑还来不及加以指挥。如果以毫秒为单位分割行为而后考察某些行为的原因，你会发现直接原因是连接大脑与肌肉的某些神经元在放电。那个过程没有意识，没人意识得到神经元在放电。但是，把分割得太细的行为片段按时间顺序重新连接起来后，就会发现意志的影子。意志需要将当前的行为片段视为整体行为的一部分。吸一支烟不会损害健康，试一次海洛因不会上瘾，吃一块蛋糕不会让人发胖，拖延一次任务不会毁掉事业，但是为了保住健康、保住事业，你必须记住一点，长期是由多个短期构成的，我们需要时刻抵制诱惑。这就是有意识地自我控制的用武之地，这就是为什么决定成败的不过是生活细节。

为什么你要运用意志力读这本书？

自我控制的第一步是设置目标，所以我们应该告诉你我们为本书设置的目标。我们希望结合现代社会科学的研究精华与"维多利亚人"的实践智慧。我们想说说，意志力或缺乏意志力对伟人和凡人的生活有什么影响。我们会解释，为什么公司领导每天花 2 万美元从一个前空手道教练那里学习列任务清单的秘诀，为什么硅谷的企业家发明出数字工具来宣扬 19 世纪的价值观。我们会看到，一个英国保姆是如何驯服密苏里州哭哭啼啼的三胞胎的，像阿曼达·帕默尔、德鲁·凯里、埃里克·克莱普顿和奥普拉·温弗瑞那样的演艺人员，是如何在他们自己的生活中应用意志力的。我们会考察，大卫·布莱恩是如何禁食44天的，探险家亨利·莫顿·斯坦利是如何在非洲的蛮荒世界存活数年的。我们想讲述科学家重新发现自我控制的故事，还想说说自我控制对实验室外面的世界意味着什么。

心理学家一开始观察到自我控制的好处，就面临新的谜团：意志力到底是什么？自我用什么抵制棉花糖的诱惑？鲍迈斯特开始研究这些问题时，对自我的理解仍然非常符合当时的常规看法，即信息处理模式。他与同事谈论大脑时，就把它当作一台小小的计算机。人类大脑的信息处理模式一般忽略了动力或能量之类的概念——这些概念太过时了，人们甚至都不再反对它们。鲍迈斯特没有想到会突然改变自己对自我的看法，更不用说改变别人对自我的看法。但是，他和同事一开始做实验，就不再觉得这些概念那么过时。

鲍迈斯特实验室的几十个实验，以及别处的几百个实验，更新了我们对意志力、对自我的理解。我们想告诉你，这些实验获得了有关人类行为的什么认识，你可以如何利用这些认识让你自己变得更好。获得自制力，不像现代励志书说的那般简单，但也不像"维多利亚人"以为的那样困难。最终，自我控制让你放松，因为它消除压力，让你能够把意志力保存下来应对更重要的挑战。我们相信，本书的启示不仅可以让你的生活更高效、更丰富，而且可以让你的生活更容易、更幸福。而且，我们可以保证，你不必忍受"不要赤裸脚踝"那样的说教。

第 1 章

意志力不只是个传说

有时候我们会变成引诱自己的恶魔，因为过于相信自己脆弱易变的定力，而陷于身败名裂的地步。

——莎士比亚，《特洛伊罗斯与克瑞西达》(*Troilus and Cressida*)

如果你碰巧熟悉阿曼达·帕默尔的音乐，如果你知道她的歌曲在英国遭到禁止，或者知道她"遭人暗算"，被人偷拍到手里高举一把刀赤裸着跑过大厅，追逐一个刚刚与她上过床的同样赤裸着的男孩的画面，你很有可能会认为她不是自我控制的典范。

媒体对她的描述多种多样，例如，比Lady Gaga更前卫、比麦当娜更滑稽、不男不女的煽动家、布莱希特派朋克夜总会的女老大，但是一般不会使用"维多利亚人般的""压抑"之类的字眼形容她。她浑身散发着酒神气质。她接受英国奇幻小说家尼尔·盖曼（Neil Gaiman）的求婚后正式宣布这一消息的方式是第二天在微博上忏悔——她可能订婚了，但也可能喝醉了。

然而，一个不自律的艺术家绝不可能写出这么多曲子、在全世界巡回举办了这么多场音乐会。要是不练习，帕默尔是不可能在纽约无线电城音乐厅（Radio City Music Hall）登台演出的。她需要自制力来伪装成放纵的样子，她认为她成功的原因部分在于她所说的"扎实的终极禅修"：摆姿势做活雕塑。她在街头表演了6年，开办了一家出租活雕塑的公司。活雕塑，顾名思义，是活人扮的雕塑，主要用于庆典或展会，比如全食超市（Whole Foods）的一家分店在开业庆典上就把装有有机产品的盘子搁在活雕塑手上。

帕默尔是在1998年开创的这项事业，当年她22岁，住在家乡波士顿。她制作视频称自己为"志向远大的摇滚明星"，但是做摇滚明星连房租都付不起，于是她去了哈佛广场，在那儿搭起了她在德国看到过的一种街头剧场。她称自己为"八尺新娘"。她把脸涂成白色，穿着正式的结婚礼服，蒙着面纱，戴着白手套，手捧一束鲜花，站在一个箱子上面。如果有人放钱在她面前的篮子里，她就会给那人一枝花；其余时间，她一直保持绝对静止。

有些人会辱骂她或者朝她扔东西，有些人想逗她笑；有些人抢她的钱；有些人冲她大嚷，让她找份真正的工作，否则偷她的钱；偶尔有醉鬼想把她推下箱子，或者把她推倒在地。

"那感觉并不好。"她回忆说，"一次，一个醉醺醺的胖小子把头放在我的胯部磨蹭。我望向天空，心里想着，上帝，我做了什么，要受这种罪？但是，6年里，我好像只被打断了两次。你不能有任何反应，你连退缩都不能。你只能表现得无动于衷，随它去吧。"

她的耐力令围观人群惊叹。人们一般觉得，让身体保持一个姿势这么长时间一定非常累，但是她并没感到肌肉紧张。她明白做活雕塑对身体有要求——例如，她学会了不喝咖啡，因为喝了咖啡，她的身体会颤抖，尽管轻微，但是控制不住。挑战似乎主要来自心理方面。

"静立不动其实没那么难，"她说，"做活雕塑，最难做到的是绝对无动于衷。我不能动眼睛，所以我不能看身边有趣的事物。要是有人想与我交流，不管是恶意的骚扰、好奇的询问还是善意的问候，我都不能给予回应。我不能笑，鼻涕流到嘴里不能擦，耳朵痒不能挠，蚊子停在脸上也不能拍——那些才是真正的挑战。"

她也提到，即使挑战是心理方面的，最终也要付出身体方面的代价。尽管非常想挣钱（做活雕塑通常一个小时 50 美元），但是她做不了多久。她一般做 90 分钟，休息 1 小时，回到箱子上再做 90 分钟，然后收工。有时，在旅游观光高峰季节的星期六，她结束街头表演后，还要去一个文艺复兴节，再做几个小时"森林中的女神"，之后就筋疲力竭了。

"回到家，我快累死了，几乎感觉不到自己的身体，"她说，"我把自己放在浴缸里，脑子里一片空白。"

为什么？她的肌肉又不动，她的呼吸又不重，她的心跳又不快。为什么什么都不做竟然这么累？她本来可以说，她在运用意志力抵制诱惑，但是现代专家大都抛弃了 19 世纪那个流行概念。说一个人在运用意志力究竟是什么意思呢？怎么证明意志力不只是个传说呢？

原来，答案要从热曲奇开始讲起。

萝卜实验

社会心理学家有时必须在实验中残忍一点。大学生走进鲍迈斯特的实验室时已经很饿了，因为之前一直在禁食。另外一方面，实验室刚刚烤好的巧克力曲奇正在散发着诱人的香味。学生们坐在桌子旁边，桌子上放有热乎乎的巧克力曲奇、一碗生萝卜。实验人员把学生随机分成两组，一组是曲奇组，可以吃曲奇；另一组是萝卜组，只准吃萝卜。

为了加大诱惑，实验人员离开实验室，让学生单独与萝卜和曲奇待在一起，透过小小的隐形窗户观察他们。萝卜组的学生显然在与诱惑做斗争。很多学生热切地盯着曲奇许久之后才认命地吃起萝卜，而且表情很勉强。有些学生拿起曲奇闻了闻，享受着巧克力的香味。几个学生不小心把曲奇掉在地板上，又迅速拾起放回碗里，免得被人知道他们做了坏事。但是，没人真的忍不住吃了曲奇。大家都抵制住了诱惑，只是有些人差点就投降了。就实验而言，这一切都不错。它说明，曲奇确实非常有诱惑力，抵制起来需要动用意志力。

然后，实验人员把学生带到另外一个房间，让他们解几何题，说是看看他们有多聪明。题目实际上无解，测验的真正目的是看他们坚持多久才放弃。这是压力研究者以及其他人使用了几十年的一项标准技术，因为它测得的总毅力比较可靠。（其他研究证明了，做这些几何题坚持得比较久的人，执行实际上可以完成的任务也坚持得比较久。）

可以吃巧克力曲奇的学生，一般坚持了大约 20 分钟，和对照组（也很饿，但是没有任何东西可吃）一样。对比鲜明的是，唯一受到诱惑的萝卜组，一般 8 分钟就放弃了。他们成功地抵制了巧克力曲奇的诱惑，但是付出了很大努力，没有剩下多少精力做几何题。有关意志力的古老说法竟然是对的，不像又新颖又花哨的自我心理理论。

这样看来，意志力不只是个传说。它像肌肉一样，使用之后会疲劳，莎士比亚在《特洛伊罗斯与克瑞西达》中就有了这一认识。特洛伊勇士特洛伊罗斯深信女友克瑞西达会受到魅力十足的希腊求婚者"最狡猾的"诱惑，于是告诉她，他相信她愿意对他矢志不渝，但担心她会在压力之下屈服。他对她解释说，傻子才会假定我们的定力是恒定的，他还警告她，变脆弱后会怎样——"做自己清醒时不愿做的事情"。后来，显而易见，克瑞西达上了一个希腊勇士的当。

特洛伊罗斯说"傻子才会假定我们的定力是恒定的"，而受曲奇诱惑的学生表现出的那种意志力波动正印证了他的说法。这个概念被萝卜实验以及其他实验确认后，立即引起了一些临床心理学家的关注，其中就有北卡罗来纳查珀尔希尔一个经验丰富的婚姻治疗师唐·鲍科姆（Don Baucom）。他说鲍迈斯特的研究明确了他在多年实践中感觉到但从未真正理解的一些东西。他见识过很多不幸的婚姻，这些婚姻之所以出现问题是因为各自有工作的夫妻每天晚上为一些鸡毛蒜皮的小事吵架。他有时劝他们早点下班回家，这个建议听起来有些奇怪——为什么让他们有更多时间来吵架呢？但是他怀疑，长时间工作让他们精疲力竭了。辛苦工作一天回到家后，他们没有剩下多少精力来容忍伴侣令人生气的坏习惯，关心体贴伴侣，或者在伴侣说了某些不中听的话后克制住自己不反唇相讥。鲍科姆认识到了，他们需要在还剩些精力的时候就下班。他明白，为什么工作压力最大时婚姻往往出问题：人们在工作上用完了所有的意志力。当意志力都耗费在了办公室，家庭就会遭殃。

萝卜实验后，研究者又从不同人群中招募被试者做了多次实验，一次又一次观察到了类似结果。研究者考察了意志力波动对情绪的影响，还使用了其他方式测评意志力，比如观察身体的耐力。马拉松那样的持久运动需要的不只是机械动作：不管你多健壮，你的身体总会在某个时候想休息，但你的脑子告诉身体跑下去、跑下去、跑下去。握手器需要的同样不只是手部力量。握不了多久，手就会酸痛，想放松，但是，你可以运用意志力让手一直握着——除非你的脑子在忙着压抑其他感受，就像在另外一个实验中一样。

在这个实验中，实验人员让被试者看电影。看电影之前，实验人员告诉被试者，他们看电影期间的面部表情会被记录下来。实验人员让第一组被试者压抑感受、不表露情绪（面无表情组），让第二组被试者放大情绪反应，这样他们的面部表情就能显示他们的感受（表情夸张组）。还有第三组被试者作为对照组，实验人员除了告诉他们要看电影外，没有提什么要求，这样他们的表情就是最自然的（表情自然组）。

实验中播放的电影，剪辑自意大利悲剧《世界残酷奇谭》（*Mondo Cane*，也被译为《狗的世界》），是一部介绍核废物对野生动物产生了何种影响的纪录片。电影有一幕令人难忘：大海龟失去了方向感，搁浅在沙滩上，漫无目的地划拉着发软的四肢，回不到海洋，悲惨地等死。这一幕无疑会催人泪下，但是并不是每个被试者都可以哭。按照实验人员的要求，有些人要保持无动于衷，有些人要尽量流泪。之后，所有人都进行耐力测验——握手器训练。研究者比较了各组的结果。

电影对对照组的耐力没有影响，对照组被试者看电影前后握的时间一样长。但是其他两组被试者看电影之后比看电影之前放弃得早很多，而且两组的前后差异是一样的。不管是压抑情绪反应还是放大情绪反应，反正控制情绪反应是会消耗意志力的，即伪装有成本。

经典心理练习"不想白熊"也有成本。对心理学家来说，白熊就像个吉祥物，这个业界习俗还要追溯到现在身为哈佛大学心理学教授的丹·韦格纳（Dan Wegner）身上。韦格纳听说了一个故事，讲的是小托尔斯泰——有的版本说是小陀思妥耶夫斯基——与弟弟打赌，赌他不可能5分钟不想白熊。最后，弟弟输了。这个故事揭示了一个令人不安的事实——我们喜欢认为我们能控制自己的思维，但是我们却控制不了。初次冥想者一般会吃惊地发现，尽管自己热切地希望集中注意力，但是思维总是一而再再而三地开小差。最多，我们只能部分地控制我们的思维，正如韦格纳的实验证明的那样。他的实验是这样的：告诉被试者，每当白熊闯入脑海就拉铃。他发现，尽管被试者可以使用一些技巧或技术转移注意力，让白熊暂时不出现在脑海中，但是最终每个被试者都拉铃了。

这种实验好像有些无聊。在所有精神疾病中，"不想白熊强迫症"并不是常见的病症。但是，正是因为"白熊"远离日常生活，所以"不想白熊"练习才成为有用的研究工具。为了弄清人们能在多大程度上控制思维，最好不要用日常概念做实验。有个研究生仿照韦格纳的思路做了一个实验，让被试者不要想自己的母亲，结果没有达到实验目的。他的实验只是表明，大学生特别擅长不去想自己的母亲。

妈妈和白熊有什么区别呢？也许大学生正努力在心理上与父母分离。也许他们经常想做妈妈不赞成的事情，所以他们需要把妈妈赶出脑海。也许他们不常给妈妈打电话，所以为了避免内疚，他们需要把妈妈赶出脑海。但是，请注意，所有这些有关妈妈与白熊之区别的可能解释，都与妈妈有关。这就是问题所在，至少作为研究者会这么看。对纯研究来说，母亲并不是个好素材，因为意义太重——与太多感情、太多感受相连。你不想你的母亲，原因可能多种多样，具体是什么跟你个人有很大关系，所以不好一概而论。对比之下，如果人们很难不想白熊，那么这一结论可以推广到其他很多素材上——对普通美国人（不管是大学生还是其他什么人）来说，这种生物跟日常生活联系不大，也很少在生活里遇到。

鉴于以上的原因，白熊对研究人们如何控制自己思维的人特别有吸引力。不出所料，与那些可以随便想什么的人相比，花了几分钟才做到不想白熊的人做几何题时放弃得更早。同样，人们也很难控制自己的感受。在一个稍微有些残忍的实验里，研究者让被试者看《周六夜现场》（*Saturday Night Live*）的经典小品和罗宾·威廉斯（Robin Williams）的脱口秀，记录他们的面部表情，然后系统地编码。做过"不想白熊"练习的人表现出了明显的实验后反应。威廉斯表演时，他们抑制不住地咯咯直笑，即使没有发出声音，脸上也写满笑意。

这一点你可以铭记在心，如果你有一个喜欢提出白痴建议的上司的话，为了避免下次开会时傻笑，开会之前最好不要做什么耗神的事情，也不要压抑自己的任何想法。

给那个感受命名

一旦实验证明了意志力的存在，心理学家和神经科学家就面临一组新的问题：意志力到底是什么？运用意志力的时候，哪部分大脑参与了？神经回路有什么变化？还有其他身体变化发生吗？意志力衰退的时候，人有什么感受？

最直接的问题是怎么称呼这个过程——"定力变化""意志变弱""魔鬼让我做"之类的说法都太笼统。最近的科学文献也帮不上什么忙。为了找到一个能够整合能量概念的自我模型，鲍迈斯特不得不一路追溯到弗洛伊德。但弗洛伊德的思想虽颇有见地却也极端错误。他提出了一种理论说，人类使用一个名为"升华"（sublimation）的过程把来自基本本能的能量转化成比较受社会认可的能量。因此，弗洛伊德猜测，伟大的艺术家之所以创造出伟大的作品，是因为把性能量升华成了工作动力、灵感。这是一个绝妙的猜测，但是 20 世纪的心理学家并不喜欢能量自我模型，也不喜欢有关升华机制的具体理论。鲍迈斯特及其同事用现代研究文献检验弗洛伊德的一系列理论猜想后发现，升华是最糟糕的猜想。支持它的证据基本没有，批驳它的反面证据倒有很多。例如，如果升华理论是正确的，那么艺术家圈子应该满是升华性欲的人，因此性活动应该相对很少。你听说过哪个著名的艺术家圈子缺少性吗？

不过，弗洛伊德的能量自我模型仍然触及一些实质性的东西。对于解释艺术家圈子里混乱的男女关系而言，能量是个要素。克制性冲动要耗费能量，创造活动也要耗费能量。如果你把能量投入到艺术中，你就没有多少能量来克制性冲动。这个能量从哪里来、如何起作用，弗洛伊德说得有些含糊，但是他至少在他的自我理论中给能量安排了一个重要位置。为了纪念弗洛伊德在这个方向的见解，鲍迈斯特选择使用弗洛伊德用于指代"自我"的术语："ego"。这样，"自我损耗"（ego depletion）就诞生了，鲍迈斯特用这个术语描述人们对自己的思维、感受和行为的调节能力减弱的过程。人们有时可以克服心理疲劳，但是鲍迈斯特发现，如果他们因为运用意志力（或者因为做决策，我们稍后会讨论这种自我损耗）用完了能量，那么他们最终会屈服。这个术语后来出现在几千篇科学论文里，因为心理学家渐渐明白它可以用于解释多种多样的行为。

自我损耗过程在大脑内部有何表现最初是一个谜，不过后来这个谜解开了一些，这多亏了多伦多大学的两个研究者迈克尔·因兹利奇（Michael Inzlicht）和珍妮弗·古特塞尔（Jennifer Gutsell）。他们给人戴上布满电极和电线的"头盔"，观察他们大脑内部的生物电活动情况。这种方法叫作脑电图法，它并不能精确解读人的心理，但有助于描绘大脑如何处理多种多样的问题。多伦多研究者特别关注名为"前扣带皮层"的脑区，这个脑区注意着"正在做的"和"想要做的"之间是否存在差异，因此通常被人称为"冲突监控系统"（conflict-monitoring system）或者"错误检测系统"（error-detection system），对自我控制非常关键。如果你一手拿汉堡、一手拿手机，正要咬手机，那么这个脑区就会发出警告。大脑内部发出警告，表现在脑电图上，就是一个电活动尖峰，学名叫作"事件相关负波"（event-related negativity）。

多伦多研究者让人戴着"头盔"看一些纪录片片段，内容是动物受罪将死，看了令人难受。一半人得到的指导语是要隐藏情绪，这样就进入自我损耗状态；另外一半人得到的指导语是认真看片子。然后，所有人进行第二项表面上不相干的活动：经典斯特鲁普任务。这个任务以心理学家詹姆斯·斯特鲁普（James Stroop）的姓命名，具体内容是让被试者说出屏幕上的字母是什么颜色的字体。例如，如果屏幕显示红色字体的"×××"，正确答案就是"红色"，这很简单。但是，如果屏幕显示的是红色字体的"Green"（绿色），那么回答起来就不容易。你必须压抑阅读单词"Green"引起的念头（绿色），强迫自己确认字体的颜色（红色）。很多研究表明，在这种情况下，那些隐藏情绪的被试者反应比较慢。实际上，斯特鲁普任务成了冷战期间美国情报官甄别间谍的工具。比方说，抓到一个疑似苏联间谍的人，直接问他会不会说俄语一般不管用，但是如果让他确认俄语单词的字体颜色，他花的时间比较长并回答正确的话，就说明他会说俄语。

在多伦多实验中，在看电影期间损耗了意志力的人，在斯特鲁普任务中的表现比较差：反应时间更长，所犯错误更多。他们的脑电图显示，他们大脑的冲突监控系统活动比较少——失谐的警报信号比较弱。这个结果表明，自我损耗引起前扣带皮层怠工。它要么检查不出错误，要么需花好长时间才检查出错误，所以自我控制变难。自我没损耗时容易做好的事情，自我损耗后很难做好。

自我损耗引起前扣带皮层怠工，这一发现对神经科学家来说意义重大。但是，对其他人来说，最好不戴"头盔"就能检查出自我损耗。最明显的症状是什么——什么东西会在你与伴侣打架或者大吃哈根达斯之前警告你，你的大脑并没做好自我控制的准备？研究者很长一段时期没有找到答案。有几十项研究想发掘具有预警作用的情绪反应，最后要么得到相互冲突的结果，要么根本没有结果。自我损耗并非总是让人觉得抑郁，或者愤怒，或者不满。2010 年，一个国际研究团队梳理了 80 多篇研究报告后得出结论说，自我损耗对行为确实有着强大影响，但是对主观感受的影响要弱很多。处于损耗状态的人更容易感到疲倦、产生消极情绪，但感觉上与处于非损耗状态的人差别也不大。这些结果让自我损耗显得像一种没有症状的疾病、一种没有不适感的状况。

但是，现在看来自我损耗有预警迹象，这多亏了鲍迈斯特个人以及凯瑟琳·沃斯（Kathleen Vohs）带领的团队。沃斯是明尼苏达大学卡尔森管理学院的心理学家，与鲍迈斯特有着长期合作关系。他们新做了一些实验，在这些实验中，意志力被损耗了的人尽管（又一次）没有表现出任何预警情绪，但是对各种事情的反应确实更强烈。损耗了的人与没损耗的人相比，同样的悲剧前者看了更悲伤，同样的愉快图片前者看了更快乐，同样的恐怖图片前者看了更害怕、更不安，同样的冰水前者摸起来觉得更刺骨。变强了的不仅有感受，还有欲望。吃了一块曲奇后，前者更渴望再吃一块——如果想吃多少就吃多少的话，前者确实吃得更多；看到包装好的礼盒，前者更强烈地想打开它。

所以，如果你想要某些预警迹象，那么不要单看一种表现，而是要看所有感受是否都变强了。如果你发现一些不是特别郁闷的事情让你特别郁闷，或者一些不是特别悲伤的想法让你特别悲伤，或者一些不是特别愉快的消息让你特别愉快，那么这也许是因为你的大脑回路对情绪的控制不如平常好。现在，强烈的感受可能是十分愉快的，强烈的感受也是生活的必要部分，而且，我们并不建议你追求单调的情绪，除非你渴望像《星际迷航》中的斯波克先生那样拥有火神伏尔甘的冷静。但是，你要当心这些感受可能意味着什么。如果你正想抵制诱惑，那么你也许会发现你的抵制能力减弱后欲望变得更强烈了。因此，自我损耗造成的影响是双重的：一方面意志力减弱了，另外一方面渴望变强了。

对想戒瘾的人来说，这个问题尤其尖锐。很久之前，研究者就注意到了，在停止吸毒期间，瘾君子对毒品的渴望特别强烈。最近，研究者又注意到了，在停止吸毒期间，瘾君子的很多其他感受也变强了。在停止吸毒期间，恢复中的瘾君子要运用很多意志力来破除习惯，因此这很有可能是一个漫长而集中的自我损耗期，正是这种状态让瘾君子对毒品的渴望前所未有的强烈。此外，其他事件的影响也变得异常强烈，造成额外的烦恼，而这额外的烦恼让人进一步渴望毒品（或烟，或酒）。难怪故态复萌如此常见，难怪瘾君子在戒瘾期间如此难受。早在心理学家发现自我损耗之前，英国幽默作家A. P. 赫伯特爵士就很好地描绘了这些相互冲突的症状：

> "谢天谢地，我又一次把烟戒掉了！"他宣布，"老天啊！我觉得身体棒极了。虽恨不得杀人，但是身体棒极了。我变了一个人——急躁易怒、喜怒无常、沮丧压抑、粗鲁无礼、紧张兮兮，或许吧，但是这有利于肺部健康。"

脏袜子之谜

20世纪70年代，斯坦福大学心理学家达里尔·贝姆（Daryl Bem）想做一件事情：列一个行为清单，把有责任心的人与没责任心的人区分开来。他假定"按时做作业"与"穿干净袜子"之间存在正相关，因为两个行为都是有责任心的表现。但是，他从斯坦福学生那里收集数据进行分析后，吃惊地发现两者之间存在显著的负相关。

"显然，"他开玩笑说，"学生要么按时做家庭作业，要么每天换袜子，但是不会既按时做家庭作业又每天换袜子。"

他没怎么深入思考下去，但是几十年后，其他研究者开始怀疑这个笑话背后是否隐藏着什么。两个澳大利亚心理学家梅甘·奥腾（Megan Oaten）和程肯（Ken Cheng）想到了一种可能，即学生受到了萝卜实验所揭示的那种自我损耗的影响。这些心理学家开始在同一学期的不同时间通过实验室测验测评学生的自制力，不出所料，学期即将结束时学生的自制力测验成绩相对最差，显然是因为意志力已经消耗在了准备考试、提交作业上。但是恶化不仅体现在实验室自制力测验成绩上。研究者调查了学生在生活方面的情况后了解到，贝姆发现的脏袜子现象并不是偶然的。考试季节，学生的自制力消耗过大，各种好习惯都被抛弃了。

锻炼停了；烟抽得更凶了；咖啡和茶喝得更多了，所以咖啡因摄入量翻倍了。多摄入咖啡因可以说是为了促进学习，但是，如果书真的看得更多了，那么酒喝得就该更少，而实际情况并非如此。尽管考试季节派对较少，但是酒喝得还是和平时一样多。吃饭怎么方便怎么来，垃圾食品消费量提高了50%。不是因为他们突然说服自己相信土豆条可以补脑，而是因为专心于考试就无暇关心食物健不健康、会不会让人发胖。回电话、洗盘子、拖地板的积极性也降低了。临近期末考试时，受调查者在个人卫生的各个方面都有松懈。刷牙洁齿不勤快了，头发脏了懒得洗，胡子长了懒得刮。而且，他们身上穿的袜子确实很脏，衣服也是。

所有这一切仅仅反映了成大事不拘小节吗？他们是明智地节省时间用来学习吗？并非如此。学生报告说，与平时相比，考试季节反而更有可能与朋友出去玩、更不可能学习——与务实、明智的做法恰好相反。有些学生甚至报告说，他们的学习习惯在考试季节变差了，尽管这不是他们想要的。他们一定运用了很多意志力来让自己更刻苦地学习，但是他们最后反而学得更少了。同样，他们报告说，在考试季节，睡过头、乱花钱这两种行为都有所增加。在考试季节，疯狂扫货对他们没有实际意义，但是他们没有剩下多少自制力来控制购物欲。在考试季节，他们的脾气也变坏了，更容易动怒或沮丧。他们也许说，那段时间之所以脾气大是因为考试压力大，因为大家普遍以为那些情绪是压力引起的。然而，压力真正做的是损耗意志力，而这会减弱情绪控制能力。

最近，我们前面提过的德国BP机研究更精确地展现了自我损耗效应。鲍迈斯特及其同事从早到晚用BP机跟踪了解人们的欲望，得以看到意志力从早到晚的损耗情况。不出所料，用掉的意志力越多，向下个诱惑屈服的可能性就越大。面临一个让他们产生内心冲突（一方面非常想要，一方面真不该要）的新诱惑，如果他们已经挡住了之前的诱惑，特别是如果上个诱惑过去没多久新诱惑就来了，那么他们更容易屈服。

最终屈服于诱惑时，德国的成年人与美国大学生很有可能把这归咎于他们的性格：我就是没有足够的意志力。但是，德国人在那天较早的时候、美国大学生在那个学期较早的时候都还有足够的意志力抵制类似的诱惑。意志力怎么啦？真的全消失了吗？也许是吧，但是自我损耗研究还可以从另外一个角度加以解释。也许人们就是没有用完意志力，也许他们有意无意地把意志力存起来了。鲍迈斯特的一个研究生马克·穆拉文（Mark Muraven）选择了这个意志力的保存问题加以研究，一直研究到他成为纽约州立大学奥尔巴尼分校的终身教授。他首先按照惯例用一轮练习消耗被试者的意志力，然后在被试者为第二轮练习（实际上是毅力测验）做准备时告诉被试者，第二轮练习结束后还有第三轮，第三轮的任务更多。结果，被试者在第二轮就松懈了一些。他们有意无意地为最后冲刺保存精力。

后来，穆拉文又做了一次实验，不过这次有所变化。在第二轮练习开始之前，他告诉被试者，表现好就奖钱。有钱能使鬼推磨，被试者立即又有意志力好好表现了。看着他们在第二轮练习中的表现，你绝不会想到他们之前已经消耗了一部分意志力。他们就像马拉松队员，看到等在终点线的奖品后就又有了跑下去的力量。

但是，就像马拉松队员刚刚够到那个奖品就突然接到通知，实际上还有一公里才到终点线，穆拉文在第二轮练习结束后，突然告诉在第二次实验中因表现好而赢到钱的被试者还有第三轮练习。因为没有提前告知被试者，所以被试者没有保存精力。结果，他们在第二轮练习中表现得越好，在第三轮练习中就表现得越差。现在，他们就像过早开始冲刺的马拉松队员一样，耗尽了精力就只能眼睁睁看着别人超过自己奔向终点线。

来自街头和实验室的启示

阿曼达·帕默尔有着波西米亚人的放荡不羁，在某一方面完全是享受型的。跟她谈意志力，她会告诉你她从来没有足够的意志力。"我认为自己根本不是一个自律的人。"她说。但是，如果进一步追问，她会说她做活雕塑的 6 年确实增强了她的定力。

"街头表演给了我钢铁般的意志，"她说，"一连几小时站在箱子上，练出了我的专注力。做表演者，就是把你自己系在此时此刻、保持专注。我特别不会制订长期计划，但是我很有职业道德，做一件事就做得特别专心。如果每次只做一件事，我可以集中注意力好几个小时。"

研究者在实验室内外研究了几千人，得到了类似的发现。他们的实验一致地给出了两条启示：（1）你的意志力是有限的，使用就会消耗；（2）你从同一账户提取意志力用于各种不同任务。

你也许以为，你有很多账户储存意志力，一个用于工作，一个用于饮食，一个用于运动，一个用于善待家人。但是萝卜实验表明，两个毫不相干的活动，比如抵制巧克力和解几何题，是从同一账户提取能量的，而且，后来的实验也一再证明了这一点。你一整天做的各种事情之间存在隐秘的联系。你从同一账户提取意志力忍受拥挤的交通、诱人的食物、烦人的同事、苛刻的上司、淘气的孩子。午餐抵制了甜品的诱惑，花去了一部分意志力，剩下的意志力少了，就很难勉为其难赞美上司糟糕的发型。有句老话与自我损耗实验相吻合，即上班受气，回家踢狗。不过，现代人一般不会如此虐待宠物，他们更有可能对家人恶语相向。

　　自我损耗甚至会影响你的心跳。在实验中，被试者在心理上进行自我控制时，脉搏变得较不稳定；平常脉搏相对不稳定的人反而好像有更多内部能量用于自我控制，因为他们在毅力测验中的表现好于平常心跳相对稳定的人。还有实验表明，身体长期疼痛的人缺乏意志力，因为忽略痛苦是项十分耗神的任务。

　　我们可以把意志力的运用分为四大类，第一大类是控制思维。这有时是无谓的挣扎，不管是想忽略严重的事情（"去，该死的血迹！"[①]），还是想摆脱烦人的耳朵虫[②]（"你是我的，宝贝，你是我的，宝贝……"[③]）。但是你可以学会保持专注，特别是在动机很强的时候。为了保存意志力，人们经常不追求最全或最好的答案，而是追求事先就有的结论。神学家和信徒将世界过滤以恪守信仰。最好的销售员之所以成功往往是因为先骗住了自己。推出次级贷款的银行家说服自己相信，向"二无"（无收入、无贷款）阶层提供房贷不会出问题。泰格·伍

---

　　① 莎士比亚戏剧《麦克白》中麦克白夫人的一句台词。——译者注

　　② 精神分析专家西奥多·雷克把这种现象的精神动力特性称为"萦绕在心头的旋律"，该现象的另一个科学名称是"非自主音乐想象"，简称INMI，是由神经科专家奥利弗·塞克斯在2007年提出来的。耳朵虫（Earworm）这个词是从德语单词Ohrwurm直译过来的，指歌曲或其他音乐作品的某个片断不由自主地反复在某人脑子里出现的情况。——译者注

　　③ 这是一句歌词，《土拨鼠日》主角所用收音机闹钟就用这句歌词做起床闹铃，第3章会做详细讨论。——译者注

兹说服自己相信，他不用遵守一夫一妻制，没人会注意到世界最著名运动员的风流韵事。

第二大类是控制情绪。专门针对心情的控制行为被心理学家称为"情感调节"（affect regulation）。最常见的是，我们努力摆脱坏心情或者不愉快的念头，不过，我们有时会努力避免开心（例如出席葬礼、传递坏消息），有时会努力保留怒气（以便在恰当状态提出投诉）。情绪特别难控制，因为你一般不能运用意志力改变心情。你可以改变你的想法或行为，但是你无法强迫自己高兴。你可以礼待亲家，但是你无法强迫自己为他们在你家住一个月感到高兴。人们运用间接策略赶走悲伤或愤怒，比如，努力想其他事情转移注意力，或者去健身房锻炼，或者沉思，或者窝在家里看电视剧，或者狂吃巧克力，或者疯狂购物，或者喝个烂醉。

第三大类是控制冲动。大多数人一说到意志力就会想到这个：抵制诱惑的能力，这个诱惑来自烟、酒、肉桂卷、鸡尾酒女招待。严格来说，"控制冲动"用词不当。你控制的其实不是冲动。连巴拉克·奥巴马那样超级自律的人也不能让抽烟的冲动不冒出来，他能控制的是反应。是忽略抽烟的冲动，还是吃颗戒烟糖，还是偷偷抽根烟？（根据白宫的说法，他通常能但并非总能控制住自己不吸烟。）

最后一大类，就是研究者所说的"控制表现、绩效、成绩"：把能量集中用于当前任务，既要达到一定的速度又要达到一定的准确度，在想放弃的时候坚持下去。在本书接下来的几章，我们会讨论如何改进在工作中、在家庭中的表现，如何改进对思维、情绪和冲动的控制。

不过，在提具体建议之前，我们可以先提个一般建议，这个建议来自自我损耗研究，与阿曼达·帕默尔采取的方式是一样的：一次只做一件事。如果你一心多用，你也许可以暂时兼顾一下，但是，随着意志力消耗殆尽，你越来越可能犯严重错误。

如果你想让生活同时发生几个变化，那么最终可能一个变化都发生不了。例如，想戒烟的人，一门心思放在戒烟上就更可能成功。如果在戒烟的同时又想少喝酒、少吃饭，那么可能三件事都会失败——很有可能，因为三种活动同时进行需要太多意志力。研究同样发现，想控制饮酒量的人，在没有其他事情也需要运用意志力的日子，与在有其他事情需要运用意志力的日子相比，更容易控制住饮酒量。

最重要的是，别列什么"新年任务"清单。每年 1 月 1 日都有几百万人从床上把自己拽起来，充满希望，也许还带着宿醉，下决心说要少吃饭、多运动、少花钱、工作努力一些、家里弄干净一些，而且希望仍然有更多时间约会（烛光晚餐、海滩漫步）——这怎么可能？除非有奇迹！

到了 2 月 1 日，他们实在不好意思再看清单。但是，他们不该埋怨自己缺乏意志力，而是应该埋怨清单本身。清单上的项目太多了，没有一个人有那么多意志力同时做到。如果你要开始一项新的体力锻炼，就不要同时控制开支。如果你需要能量用于新工作——比方说做美国总统，那么这就很有可能不是理想的戒烟时间。因为你只有一条意志力供给线，"新年任务"清单上的各项活动互相竞争。要每次只做一件事，而减少在其他事情上的投入。

最好是只下一个决心并坚持下去，那就足具挑战性。即使是这样，你有时还是会觉得意志力不够用，连一个目标都嫌多。这个时候，为了坚持下去，你也许可以想想做活雕塑的阿曼达·帕默尔。她也许并不认为自己是个自律的人，但是即使在被醉鬼纠缠、被好事者起哄的日子，她也确实获得了一个令人振奋的认识。

"你知道，人能创造奇迹，"她说，"如果你下决心不动，你就会不动。"

第 2 章

驱动意志力的能量来自哪里？

吃含有防腐剂和高糖的食物是否让你们的人格多少有所变化，或者让你们表现出攻击性，我不知道。我从没想暗示你们存在那种情况，但是精神病学领域有少数人认为二者有联系。

——丹·怀特（Dan White）谋杀案审判中辩护律师的结辩陈词，
"甜点抗辩"（twinkie defense）的典故就是这么来的

我有严重的经前综合征（pre-menstrual syndrome，简称PMS），所以我不过是有些发疯。

——演员梅拉尼·格里菲思（Melanie Griffith）解释她为什么到法院
起诉与唐·约翰逊（Don Johnson）离婚，后又立即撤诉了

如果意志力不只是个传说，如果有能量驱动这个美德，那么这一能量来自哪里？答案是在一个失败的实验中偶然发现的，这个实验是研究者在"油腻星期二"（Mardi Gras，法语）的启发下做的。"油腻星期二"是狂欢节的最后一天、大斋节的前一天，也就是"圣灰星期三"（Ash Wednesday）前面的那天。大斋节自圣灰星期三开始一直持续到复活节，总共有 40 天。在这么长时间的斋戒和克己开始之前的油腻星期二，人们可以无耻地放纵欲望。有些地方把这天叫作"薄烤饼日"（Pancake Day），在这天早晨吃专为这天做的薄烤饼（不同文化有不同叫法，不过食材都差不多，包括大量糖、鸡蛋、面粉、黄油和猪油），想吃多少就吃多少。而且，暴食只是开始。

从意大利的威尼斯到美国的新奥尔良，再到巴西的里约热内卢，狂欢者尽情胡来，花样百出，有时用传统做掩盖，但是常常想怎么做就怎么做。这一天，你可以全身上下除了一个串珠头饰外什么都不穿戴，昂首阔步地走在街上，心安理得地接受醉鬼们的喝彩。失控成了美德。在墨西哥，官方赋予已婚男子一天自由，让他们暂时抛却责任，这一天叫作"El Dia del Marido Opromido"，意思是"受压迫的丈夫的节日"。在大斋节开始的前一天，连最严肃的盎格鲁-撒克逊裔教徒也处在一派宽容的氛围中，他们把这一天叫作"忏悔星期二"（Shrove Tuesday）。"shrove"源自"shrive"，意思是"听忏悔后赦免……的罪"。

从神学角度来看，这一切太让人困惑了。为什么神职人员用预先批准的赦免来鼓励人们尽情胡来呢？为什么奖励有预谋的犯罪呢？为什么仁慈善良的上帝鼓励这么多已经体重超标的凡人把肚子塞满炸面团呢？

但是，从心理学角度来说，它有一定的逻辑。在大斋节开始之前放松，也许就可以把意志力储存起来，用于熬过几个星期的自我克制。众所周知，科学家从来没有像戴着孔雀头饰大吃薄烤饼的人那样喜欢"油腻星期二"理论，但是觉得值得做个实验检验一下它。鲍迈斯特的研究生马修·加约（Matthew Gailliot）就做了这种实验，他把被试者分为三组，三组人都完成两个需要意志力的任务，不过在两个任务之间的休息时间享受不同的待遇：一组是喝浮着厚厚一层冰激凌的奶昔，一组是读枯燥且过时的杂志，一组是喝一大杯淡而无味的低脂奶糊（在正式实验之前，研究者请人评价过各种待遇，结果是奶昔最好，杂志其次，奶糊最差)。

就像"油腻星期二"理论预测的一样，奶昔确实增强了意志力——让人在第二个任务中的表现好于预期。在第二个任务中，有幸享用奶昔的人的自制力强于不幸阅读杂志的人——目前为止还不错。但是，喝无味奶糊的人，在第二个任务中的表现与喝美味奶昔的人一样好。这意味着增强意志力不一定要快乐地自我放纵，"油腻星期二"理论好像错了。除了让新奥尔良人在街上嬉戏打闹少了一个借口外，这一结果还让研究者觉得尴尬。加约向鲍迈斯特报告这一惨败时，耷拉着脑袋，沮丧不已。

鲍迈斯特则试着从好的方面去想。也许研究没有失败，一定发生了什么事。他们已经成功消除了自我损耗效应，问题在于他们太成功了，连无味奶糊都起了作用。但是，如何起作用的呢？研究者开始考虑从另外一个角度解释自制力的增强：如果不是快乐，那么可能是卡路里吗？

这个想法起初看起来有些离谱。为什么喝些低脂奶糊会改进实验室任务绩效？心理学家研究了几十年的意识任务的绩效，从未担心绩效会受一杯牛奶的影响。他们喜欢把人脑比作电脑，把焦点放在它的信息加工方式上。大多数心理学家在忙着描绘人脑中的芯片和电路时，忘了一个基本部分——电源。

没有电源，芯片和电路就没有用。电脑如此，人脑亦如此。心理学家花了很长时间才认识到这一点，不是受计算机模型的启发，而是受生物学的启发。心理学的发展越来越以生理学思想为基础，这是 20 世纪晚期的一大趋势。有些研究者发现，基因对人格和智力有着重要影响。另外一些研究者开始证明人类的性爱与浪漫行为符合进化心理学的预测，而且在很多方面与其他物种相像。神经科学家开始描绘大脑过程，另外一些研究者考察激素怎样改变行为。他们一次又一次地提醒着心理学家：人的心理依存于人的身体。

在这个趋势的影响下，奶昔实验者决定在作废实验结果之前再三考虑考虑。他们想到也许应该在倒掉奶糊之前看看奶糊的成分，而且，他们开始关注吉姆·特纳（Jim Turner）那类人的故事。

大脑的燃料

能在好莱坞混得风生水起的演员并不多，喜剧演员吉姆·特纳就是其中一个。他出演过几十部电影或电视连续剧，像在美国家庭影院频道（HBO）系列剧《牛人阿利斯》中扮演从足球明星转行而来的体育经纪人。不过，他最戏剧化的表演留给了他的妻子琳恩。一天晚上，他梦见自己在世界各地匡扶正义。这个任务特别耗神，即使是在梦中。然后他发现自己能够意念传送，也就是在脑子里想着要去的地方他就会神奇地出现在那个地方。他回了他在艾奥瓦的老家，去了纽约、希腊，甚至还去了月球。他醒来后，仍然坚信自己拥有这个能力，还想慷慨地传授给妻子。他一遍一遍地冲妻子喊：

"想着你要去哪里，你就会到哪里！"

他的妻子没像他那样发疯。她知道他有糖尿病，于是试着让他喝些果汁。但他仍然很疯狂，结果洒了一些果汁在脸上，于是，他下了床，在空中翻了一个跟头，落回床上，以证明自己真的能够意念传送。最后，让她大感欣慰的是，他喝完了果汁，冷静了下来——至少在她看来是冷静了，就像躁狂发作停息了。但是，实际上他并没有冷静下来，恰恰相反，果汁中的糖分给他补充了能量。

更准确地说，果汁中的能量转化成了葡萄糖——各种食物（不仅是有甜味的）在消化后都能产生的一种单糖。消化产生的葡萄糖进入血液，输送到身体各处。不足为奇，肌肉使用大量葡萄糖，就像心脏和肝脏一样。免疫系统也使用大量葡萄糖，不过只是零星地使用。在你相对健康的时候，你的免疫系统也许只使用相对很少的葡萄糖。但是，在你的身体对抗感冒时，你的免疫系统也许会使用很多葡萄糖。这就是病人嗜睡的原因：身体把所有能用的能量都用于对抗疾病，匀不出多少能量来锻炼、做爱或吵架，甚至不能进行多少思考，这个活动也需要大量血糖。葡萄糖本身并不进入大脑，而是转化成神经递质，神经递质是脑细胞用来传递信号的化学物质。如果你用完了神经递质，你就会停止思考。

有人在研究患有低血糖的病人时，发现了葡萄糖与自我控制之间的联系。研究者注意到，低血糖患者与一般人相比，更难集中精力、更难控制负面情绪。总的来说，他们比一般人更焦虑、更不高兴。还有人报告，在罪犯等暴力分子中间，低血糖体征真不是一般的普遍；有些律师用低血糖为嫌犯辩护。

这方面最有名的一个例子是 1979 年对丹·怀特的审判。他杀死了旧金山当时的市长乔治·莫斯科尼（George Moscone）和市政管理委员会委员哈维·米尔克（Harvey Milk）。哈维·米尔克也是美国政坛中第一个公开同性恋身份的人。怀特的辩护律师请来的一位精神病学家指出，怀特在谋杀前几天一直吃甜点等垃圾食品。这招致了记者们的嘲笑，说怀特的律师企图用"甜点抗辩"为他脱罪。实际上，怀特律师的主要辩词并非基于甜点（通过让他的血糖水平迅速升高又迅速降低）让他杀了人。怀特的律师们主张他应该得到同情，因为严重抑郁让他"行为能力下降"。为了证明他患了严重抑郁症，他的律师们呈现了他大吃垃圾食品（以及其他习惯发生变化）的证据。注意，律师们的主张是，吃垃圾食品是严重抑郁的表现，而非原因。后来，法院对怀特的判决相对较轻，这让公众以为"甜点抗辩"起作用了，于是义愤填膺。

在其他案件中，也有辩护律师主张法庭应该考虑其委托人的血糖问题（只是最后没有因此为委托人争取到更大利益）。不管那个主张是否符合法律或道德，反正有科学证据表明血糖水平和犯罪行为之间存在关联。一项研究发现，最近美国被关押的少年犯中有 90% 的人血糖低于平均水平。其他研究报告显示，患有低血糖的人，比一般人更可能犯下各种各样的罪行：

交通违规、公然亵渎、入店行窃、毁坏财物、裸露成癖、公然自慰、挪用公款、纵火、虐待配偶及儿童。

在一项引人注目的研究中，芬兰科学家到监狱测评了即将刑满释放人员的葡萄糖耐受能力，然后对他们进行跟踪调查，看看谁会再次犯罪。一个有前科的人能否改邪归正，显然受很多因素的影响：来自同辈的压力、婚姻状况、就业前景、吸毒等。然而，仅仅看看耐糖测验结果，研究者就能以超过 80% 的准确度预测罪犯是否会再次暴力犯罪。这些人的自制力之所以较差，显然是因为耐糖能力受损；耐糖能力受损，人体就难以把食物转化成可用的能量。食物转化成了葡萄糖，进入了血液，但是并没有随着血液循环被人体吸收。结果往往是血液中葡萄糖过剩，这听起来好像是有益的，但实际上就像有很多柴火但没火柴一样。葡萄糖一直在那儿，像堆废物，不能为大脑和肌肉的活动提供能量。葡萄糖过剩到足够高的水平，就称为糖尿病。

显而易见，大部分糖尿病患者不是罪犯。大部分糖尿病患者密切关注自己的身体，必要时注射胰岛素，控制血糖水平。就像吉姆·特纳一样，他们可以在最艰难的事业上取得成功。但是，他们面临的挑战确实高于常人，特别是如果他们不认真监控自己的血糖水平的话。研究者考察了糖尿病患者的人格后发现，与同龄人相比，他们更冲动、更暴躁；执行耗时的任务时，他们更可能分心；在酗酒、焦虑和抑郁这几个指标上，他们的问题更多；在医院等机构，糖尿病患者比其他病人更常发脾气；在日常生活中，糖尿病患者似乎更难应对压力。应对压力一般要求自我控制，如果身体不能给大脑供应足够的燃料，就很难实现自我控制。

在独角戏《糖尿病：我与吉姆·特纳的斗争》（Diabetes: My Struggles with Jim Turner）中，吉姆·特纳处理自我控制问题的方式既直接又滑稽。他回忆自己与十几岁儿子吵架的情形，每次吵架，最后总是他这个大人气得要死。有一次，他太生气了，于是出去把家里的汽车踢了一个修复不了的坑。"有很多次，"特纳说，"我的儿子都看出我失控了，于是强迫我喝些果汁。他担心我就这么走了。"

特纳没有用什么"甜点抗辩"为那个坑找借口，而且他也不为自己感到遗憾。他大体上控制住了糖尿病，而且，他说这个病并没有妨碍他去追求快乐、实现梦想（意念传送那个梦想除外）。不过，他也认识到了葡萄糖对情绪的影响。"我错过了儿子成长过程中很多有意义的时刻，"他说，"那些时刻，儿子指望不了我，因为我在忙着应付低血糖发作，仅仅是弄清发生了什么事就让我疲惫不堪。这是糖尿病最让我心碎的地方，也是唯一让我心碎的地方。"

那些时刻，特纳到底发生了什么事？你不能根据趣闻逸事下定论，连那种表明糖尿病患者或者低血糖患者的自我控制问题比一般人群严重的大型研究都不能用于下定论。相关未必是因果。在社会科学中，最确定的结论只能通过严格的实验获得，这种严格的实验把被试者随机分配到不同的实验条件下，以排除个体差异。来参与实验的被试者，有的高兴一些，有的好斗一些，有的专注一些，有的分心一些。除了指望平均率以外，没有其他办法保证这个实验条件下的被试者与那个实验条件下的被试者是一样的。把被试者随机分配到实验组和对照组，就能消除个体差异。

例如，如果你想考察葡萄糖对攻击性的影响，那么你必须考虑到，有些人原本就好斗一些，而有些人温和一些。为了证明葡萄糖增强了攻击性，你必须确保分到葡萄糖条件下的好斗之人与分到非葡萄糖条件下的好斗之人是一样的数目，温和之人的数目也该是一样的。随机分配一般可以把这个工作做得非常好。一旦你把被试者分成了大致相同的几个小组，你就可以看到不同实验条件会产生什么不同效果。

神经科学家在小学做食物实验就采用了这个办法。他们让一个班的所有孩子某天早上都不吃早餐就来上学，然后把孩子随机分成两组，让一组孩子在学校吃上一顿丰盛的早餐，让另一组孩子仍然饿着肚子，直到上午过了一半，才让他们吃上一顿健康的快餐。结果，前半个上午，吃了早餐的孩子学习得更投入、捣蛋的更少（由某个吃过早餐的孩子作为观察者来判断）；后半个上午，两组学生之间的差异神奇地消失了。

为了把这个神奇成分分离出来，研究者检测了被试者完成简单任务前后的葡萄糖水平。这个简单任务是，看屏幕下面有一连串文字闪过的视频。他们让一组被试者忽略文字，让另外一组保持放松、想怎么看就怎么看。结果发现，放松组的葡萄糖水平保持不变，而忽略组的葡萄糖水平下降了很多。那个看似很小的自我控制练习让大脑消耗了大量葡萄糖。

为了证明因果关系，研究者在一系列实验中给被试者的大脑补充燃料，一般用的是加了糖或者甜味剂的柠檬水。柠檬味道浓烈，所以很难尝出到底是加了糖还是甜味剂。糖让葡萄糖水平急剧升高（不过持续不了多长时间，所以实验人员需要尽快进入正题），而甜味剂根本提供不了任何葡萄糖乃至任何营养。

有一项研究清楚地显现了饮料的效应，这项研究考察的是玩电脑游戏的人的攻击性。游戏起初难易适中，但是很快就变得特别难。随着游戏的进行，每个人都会变得郁闷。但是，喝了加糖饮料的人，能够把怨言埋在心底，继续玩。其他人则开始骂骂咧咧，拍打电脑。当实验人员按照预先安排的剧本用带有侮辱性的话语评价他们的表现时，没有补充葡萄糖的人较之补充过的更易生气。

没有葡萄糖就没有意志力：随着研究者在更多情境下考察了更多人，这一规律一再显现出来。研究者甚至考察了狗。我们在变成文明动物的过程中进化出了自制力，从这个意义上说，自制力是人类特有的品质，但是，从另外一个意义上说，自制力并不是人类独有的。其他社会动物也需要具备至少一定程度的自制力才能彼此友好相处。而狗因为与人类居住在一起，必须经常遵守人类定下的一些在它们看来十分荒谬的规矩，比如，禁止嗅闻来客（宠物另说）的胯部。

实验人员仿照以人为实验对象的研究，首先消耗实验组的狗的意志力，采取的方式是，让狗遵从各自主人的命令时而"坐下"时而"起立"，一共折腾 10 分钟。对照组的狗独自待在笼中 10 分钟，其间没有其他任何要求，因此它们不必动用自制力。然后给所有狗一个藏有香肠的玩具。这样的玩具，所有狗都玩过多次，每次都成功地挖出了香肠。但是，在实验中，玩具被动了手脚，里面的香肠挖不出来。对照组的狗努力了好几分钟，但是实验组的狗不到一分钟就放弃了。这就是熟悉的自我损耗效应，而令狗恢复意志力的方法被证明与人是一样的。在后续研究中，实验人员给了两组狗不同的饮料，含糖饮料让遵从命令的狗恢复了意志力。刚刚恢复时，它们能和关在笼子里的狗坚持一样长的时间。像往常一样，加有人造甜味剂的饮料就没有效果。

面对所有这些发现，日益壮大的脑研究者的圈子仍然对葡萄糖与意志力的关系持保留意见。有些怀疑者指出，一个人不管做什么，大脑总耗能是大致不变的。这个观点很难与能量消耗概念兼容。其中一个怀疑者是托德·海瑟顿，他早年与鲍迈斯特合作过，最后去了达特茅斯学院，在那里成了社会神经科学领域的先驱。社会神经科学研究的是社会行为和大脑活动之间的关系。他相信自我损耗，但是怀疑有关葡萄糖的发现。

海瑟顿做了一个大项目来检验那些发现。他和同事招募了一批节食者做被试者，观察被试者的大脑对食物图片的反应。他们让所有被试者看一段喜剧，但不准被试者笑，以此引起自我损耗。之后，他们再次观察被试者的大脑对食物图片有何反应（还用非食物图片做对比）。他和凯特·迪莫斯（Kate Demos）之前的工作表明，这些图片让伏隔核、杏仁核之类的关键脑区出现多种多样的反应。在这项研究中，他们再次发现了同样的反应。在节食者中，自我损耗让伏隔核的活动增加、杏仁核的活动相应减少。这个实验的一个关键点是操纵葡萄糖。一组被试者喝的是加糖柠檬水，这可以迅速把大量葡萄糖注入血液，供给大脑；另外一组被试者喝的是加甜味剂的柠檬水，这个口味很好，但是提供不了葡萄糖。

引人注目的是，海瑟顿在就任世界最大的社会心理学家社团——人格与社会心理学学会（Society for Personality and Social Psychology）会长职位时宣布了以上研究结果。2011 年，人格与社会心理学学会在圣安东尼奥召开年会，在会上给海瑟顿颁发了委任状。海瑟顿接受了委任状，发表了就职演讲。他在就职演讲中报告说，葡萄糖能逆转消耗引起的大脑变化——这一发现让他惊呆了。（鲍迈斯特当时坐在观众席上，见证了得意门生成为学会会长的光荣时刻。他回忆说，他在自己的实验室首次发现意志力与葡萄糖的联系时也十分惊讶。）他说这一研究结果意义重大，远远不止于又一次肯定了葡萄糖是意志力至关重要的部分。它们还有助于解开一个谜团：葡萄糖是怎么在大脑总耗能不变的情况下工作的。显然，自我损耗让大脑的活动从一个脑区切换到另外一个脑区。葡萄糖水平低时，你的大脑并没有停止工作。它停止做这件事，但是开始做那件事。那也许有助于解释，为什么处于消耗状态的人对事物的感受比平常强烈：大脑的某些部分渐渐停止运转，另外一些部分却渐渐加快运转。

如果身体在自我控制期间消耗了葡萄糖，那么这是否意味着它开始渴望吃甜东西？答案是肯定的，这对那些希望运用自制力回避甜食的人来说也许是个坏消息。日常生活中，对自制力的要求越高，对甜食的渴望就越强烈。并不是单单渴望吃东西——好像只是专门渴望甜食。在实验室中，刚刚执行过自我控制任务的学生，吃的甜味零食比别人多，但是吃的其他（咸味）零食并不比别人多。连仅仅预期会用到更多自制力，似乎也能让人渴望甜食。

所有这些研究结果并不是表明，这一实验结果就要指引我们在生活中多摄取糖——不管人也好，狗也好。身体渴望糖，是因为那是补充能量的最快方式，但是低糖高蛋白食物等有营养的食物也一样能补充能量（只是较慢）。然而，有关葡萄糖效应的发现确实指出了一些有用的自我控制技术。它还给一个存在很久的谜团提供了答案，这个谜团就是：为什么巧克力在女性每个月的那几天这么有吸引力？

内心的魔鬼

不管你如何评价珍妮弗·洛夫·休伊特的表演能力，你都不得不称赞她在电影《魔鬼和丹尼尔·韦伯斯特》(*The Devil and Daniel Webster*)①中的原创表演。与她搭戏的是安东尼·霍普金斯和亚历克·鲍德温。这两个人都是巨星,任何年轻演员与他们搭戏都会觉得是个很大的挑战。不过,除了这之外,休伊特还要面临另外一个挑战——扮演魔鬼。如果你的目标就像戏剧老师说的那样是"附在角色身上",那么扮演魔鬼比扮演警察要难得多。扮演警察,你可以跟着一群真正的警察,开着警车满城转悠,体验他们的生活;但是,扮演魔鬼,你不可能跟着撒旦体验生活。不过,休伊特想到了另外一个办法为角色做准备。

"我开始密切关注自己,特别是我出现PMS时的感受,"她说,"那为我扮演撒旦奠定了基础。"

如果这让你觉得PMS不可思议的恐怖,那么你一定没有关注过PMS-Central.com之类供女性交流PMS故事和疗法的网站。她们开玩笑说,PMS代表Psychotic Mood Shift(精神病性情绪波动)或者仅仅代表Pass My Shotgun(拿我的枪来)。这里有从以上网站选取的一个真实的PMS故事:

它毁了我的大部分生活。眼睛肿胀,大脑混沌,频频做出错误决定,不时突然爆发情绪,产生非理性的想法,买用不

---

① 这部电影还有另外一个中文译名《幸福捷径》。该电影中,一个并不出类拔萃的作家(亚历克·鲍德温饰),在人生低谷时与魔鬼(珍妮弗·洛夫·休伊特饰)做了交易,从此变得非常成功。安东尼·霍普金斯扮演的是一个传奇出版商,这个出版商开始对那个作家的作品不屑一顾,后来出版了他的小说,让他变得非常出名。——译者注

上的东西，超支，辞职，特别疲倦、暴躁、难过，极其多愁善感，全身都痛，神经痛，眼神空洞，神游太虚。

PMS曾被视为很多问题的罪魁祸首，从狂吃巧克力（PMS也代表Provide Me with Sweets，即给我甜食）到杀人。在《犯罪现场调查》（*Crime Scene Investigation*，简称CSI）中担纲主演的玛格·海尔金伯格，被人拍到顶着颜色奇怪的头发出席一次颁奖晚宴。她解释说："那个颜色就是著名的'PMS红'。那天，我的PMS太严重了！我发疯了！我是怎么想的，在*CSI*中有了一头红发犯了错就不用受罚吗？"梅拉尼·格里菲思起诉离婚后又突然改变主意，她也把这归咎为PMS，不过她的公关人员更喜欢使用临床术语，"在沮丧和愤怒期间发生的冲动行为"。一再有女性说自己莫名其妙地败在了一些古怪的冲动之上。

这些不良情绪波动也让科学家困惑。在进化心理学家看来，育龄女性与周围人相处不好是特别不利于分娩的。移情不是抚养孩子的一项关键技能吗？不是应该与养家的男性保持良好关系吗？有些科学家注意到女性只要在上个排卵期没有怀孕就会出现PMS，于是推测自然选择鼓励女性对不孕男性心生不满进而投入其他男性的怀抱。那个假设当然嘲笑了女性给PMS取的另外一个名字：Pack My Stuff（卷起行李）。但是科学家并不清楚从进化角度来说这么做是否利大于弊，也不清楚这样的选择压力在远古的热带草原上是否有作用。对我们那些以狩猎采集为生的祖先来说，PMS大概不是什么问题，因为育龄女性几乎不是在怀孕就是在哺乳。

不管是什么情况，反正现在有个生理理论能可靠地解释不涉及任何古怪冲动的PMS。月经周期以排卵日为界分为排卵前的滤泡期和排卵后的黄体期。在黄体期，女性身体开始把大量能量输送给卵巢供其相关活动，比如，产生大量雌性激素。分给生殖系统的能量和葡萄糖越多，留给身体其他部分的能量就越少，身体其他部分就渴求更多燃料，巧克力等甜食就变得特别有吸引力，因为它们能立即提供葡萄糖，但是其他食物也有帮助，这就是为什么很多女性报告说在黄体期更容易饿、吃得更多。一项研究发现，一般女性在黄体期午餐能吃掉大约含810卡路里热量的食物，比滤泡期多170卡路里。

但是大多数女性在黄体期多摄入的卡路里仍然不够多。在美国那样以瘦为美的现代社会，女性每个月那几天一般并没有多吃食物来应付身体增加的葡萄糖需求。如果能量不充足，身体就会实施定额分配，生殖系统优先，其他部位获得的能量就不够。研究一再显示，女性失控的可能性低于男性，但是在黄体期一失控就非常严重。

与其他阶段相比，这个阶段的女性，花钱更多、乱买更多、抽烟更多、喝酒更多。喝酒更多，不仅仅是因为她们在黄体期更喜欢喝酒。这个饮酒量增加的问题，在那些自己有酗酒问题或者家族有酗酒史的女性身上表现得尤为明显。在黄体期，女性更有可能狂饮，或者滥用可卡因或其他毒品。PMS并不是指具体几种行为问题突然增加，而是指自制力全面下降让各种行为问题都有所增加。

大麻是当今世界上最普及的毒品，也是毒品中的例外。不像可卡因和鸦片剂，大麻既不是止痛剂又不是兴奋剂。大麻只是增强你已有的感受。PMS 让人难受，一种增强难受感的毒品不可能有吸引力。而且，大麻不像尼古丁、酒精、可卡因以及其他毒品那样让人上瘾，所以自制力全面下降不会让大麻吸食者在那些诱惑面前更脆弱。

研究者发现，容易出现 PMS 的女性，请假日期是其他女性的两倍。无疑，其中有些是因为与 PMS 有关的身体疼痛，但是有些很有可能是因为缺乏自制力。身体缺乏葡萄糖，人就特别难守规矩。在女子监狱，违反狱规的，多是处于黄体期的犯人。诚然，只有少数女性任何时期都非常暴力，但是很多女性报告说黄体期容易情绪波动。在这个阶段，女性更容易与丈夫（或男友）以及同事发生冲突。她们变得不大爱交际，经常宁愿独自待着——这也许是回避冲突的有效策略。

PMS 的标准解释曾是，黄体期直接引起了消极情绪。不过，那个解释其实与数据并不吻合。并不是所有女性在黄体期都受消极情绪的影响。阿曼达·帕默尔在哈佛广场做活雕塑期间发现，PMS 减弱了她的自制力，因为它既放任积极情绪又放任消极情绪。

"PMS 时，我变得更敏感、更爱哭。如果发生了什么让人情绪波动的事情，我的活雕塑工作就会立即受影响，"帕默尔回忆说，"这个让人情绪波动的事情，可能十分简单，比如，10 分钟没人从我身边经过来看我，我就觉得世界很冷漠很孤独，没人爱我。另外一个极端的例子是，一位95岁的男子以每小时1英里的速度蹒跚着向我走来，花了5分钟从钱包里掏出一张皱巴巴的5美元钞票放到我的钱罐里，抬头用盈满孤独感的干涩苍老的眼睛看着我。我被感动了，于是在确保不说话、不动脸的前提下尽可能向他传递最浓厚的爱意。"

她在黄体期的体验非常典型，其他女性的报告也与她大致相同。她们受多种多样感受的影响，她们的问题经常来自对某个事件的强烈反应。她们说，她们不想激动，但是会不由自主地为一些小事激动。她们并没有意识到她们的身体已经切断了自我控制的燃料供应，所以当她们发现她们的自制力没有照常起作用时会大吃一惊。

很多女性觉得，生活压力好像加大了：根据她们的报告，黄体期与其他时期相比，消极事件更多、积极事件更少。但是，外部世界不会正好在每个月那几天发生变化。如果一个女性觉得不能像平常那样解决通常面临的问题，那么她一定是压力过大了。如果她没有那么多能量用于集中注意力，那么同样的工作任务就更具挑战性。在严格控制的实验室测验（要求集中注意力）中，处在黄体期的女性表现不如处在其他阶段的女性。这些实验室测验的被试者样本来自一般女性，而非仅仅PMS患者。不管女性是否感受到了PMS急性症状，她们的身体都缺乏葡萄糖。

我们不想夸大这些问题，因为大多数女性能很好地应对PMS，不论是在工作中，还是在家庭中。而且，我们当然也不想说女性的意志力弱于男性。重申一下，女性总体上比男性更少出现自我控制问题。她们暴力犯罪的情况更少，染上酒瘾或毒瘾、滥交的可能性更低，等等。女生比男生学习成绩好，一个原因可能就是女生比男生自制力强。我们想说的是，女性的自制力与身体的节奏以及能量供应的波动有关。具有圣人般自制力的女性，在黄体期也许变得不那么圣人了。像低血糖和糖尿病一样，PMS 轻易就说明了身体缺乏葡萄糖时会发生什么事情——每个人，不管是男是女，不管有没有糖尿病，都会在某些时候缺乏葡萄糖。我们都会在某些时候被沮丧和愤怒控制，我们都会在某些时候被解决不了的问题困扰，我们都会在某些时候被古怪的（如果不是邪恶的）冲动打败。

可是，问题通常是内部的。不是世界突然变残酷了，不是撒旦在用新招数折磨我们，而是我们应付日常冲动和长期问题的能力减弱了。惹人恼火的事情也许足够真实——你也许有充足理由生你上司的气或者重新考虑你的婚姻（梅拉尼·格里菲思最后还是与唐·约翰逊离婚了）。但是，除非你控制得了自己的情绪，否则你很难处理好那些问题。而控制情绪要从控制葡萄糖开始。

吃出意志力

我们已经调查了缺乏葡萄糖引起的问题，现在就开始寻找解决办法，探讨比较愉快的话题，比如美餐一顿、小睡一会儿。这里有一些让葡萄糖起作用的启示或策略：

喂饱魔鬼。我们说的魔鬼，不是指《圣经》中的鬼王别西卜，而是指你以及任何陪在你身边的人内心潜藏的魔鬼。葡萄糖的消耗可能会让最迷人的同伴变成魔鬼。有句老话说"早餐要吃好"，其实是整天都要吃好，特别是在那些面临巨大身体或心理压力的日子。如果你要考试，或者参加一个重要会议，或者完成一个重要项目，那么不要空着肚子。午餐过后 4 小时，就不要与上司争论什么。还没吃晚餐，就不要与伴侣讨论严肃话题。如果你带着爱人在欧洲旅游，那么晚上 7 点就不要开进一个四周有围墙的中世纪小镇，而是要尽量饿着肚子开回宾馆。那样的小镇，鹅卵石路纵横交错得像迷宫一样，这个考验，你的汽车也许经受得了，但是你与爱人的关系却可能经受不住。

最重要的是，当你想处理比肥胖更严重的问题时，就不要节省卡路里。如果你是个吸烟者，那么就别在节食期间戒烟。实际上，要戒烟，你甚至应该考虑多补充一些卡路里，因为一旦你不再用尼古丁压抑你的胃口，那么你对香烟的渴求实际上可能转化成对食物的渴求。研究者给戒烟者吃糖丸后发现，补充一些葡萄糖，戒烟成功率会更高，特别是糖丸与其他疗法（比如尼古丁贴片）一起使用时。

糖在实验室中起作用，在节食中不起作用。考虑到很多人渴望有意志力抵制甜食，科学家在研究自我控制时那么喜欢给被试者发糖就显得有点儿讽刺。但是，他们那样做只是为节约时间。含糖饮料会迅速补充能量，这样就能在短时间内观察到葡萄糖的效果。实验人员和被试者都不想花一小时左右等待身体消化更复杂的东西，比如蛋白质。

有些时候，你可以用糖提高自制力来应对短期挑战，比如数学考试或者田径运动会。如果你刚刚戒了烟，那么你可以随身携带止咳糖，在突然渴望香烟的时候吃上一块。但是这样吃糖的话，葡萄糖陡然升高又陡然降低，你会觉得更没精力，所以，长期来看，这不是一个很好的策略。我们当然不是建议你放弃无糖苏打水而喝含糖饮料，或者吃甜味零食。含糖饮料也许真的会暂时缓解 PMS 症状，正如研究者发现的那样。但是在实验室外面，你最好听听歌手玛丽·布莱姬在讨论其 PMS 以及与之相伴的情绪波动和疯狂购物时说的一句话："糖会让情况变得更糟。"

吃饭时，选择低血糖食物。身体几乎把所有种类的食物都转化成葡萄糖，只是转化速度不一样。转化得快的食物，血糖指数高。它们包括含淀粉的碳水化合物，比如白面包、马铃薯、白米饭和多种多样的小吃零食和方便食品。以这些东西为主食，葡萄糖会在饭后迅速上升又迅速下降，结果就导致经常缺乏葡萄糖，进而缺乏自制力，难以抵制身体从其他东西（甜甜圈或糖果）中再迅速补充一次葡萄糖的冲动。油腻星期二的早上想吃多少薄烤饼就吃多少，也许能多维持几天，但是再多也维持不了一年余下的那么多天。

为了保持稳定的自制力，你最好吃血糖指数低的食物：大多数蔬菜、坚果（像花生和腰果）、很多生水果（像苹果、蓝莓和梨子）、奶酪、鱼、肉、橄榄油或者其他"好"脂肪。（这些血糖指数低的食物也许还有助于你保持苗条的身材。）正确饮食的好处已经显现在对PMS女性的研究中，她们报告说，吃比较健康的食物，症状就会减轻。对劳教所的几千名少年做的一系列研究也有类似发现。劳教所把部分精制碳水化合物替换成水果、蔬菜和全麦后，少年的逃跑企图、暴力行为等问题就显著减少了。

生病时，把葡萄糖省给免疫系统。 下次你准备拖着带病的身体上班时，可以考虑一下这个事实：重感冒时驾车比轻微醉酒时驾车更危险。因为你的免疫系统把你的大部分葡萄糖用来对抗感冒了，留给大脑的葡萄糖就不够。

如果你严重缺乏葡萄糖，连开车这么简单的事情都做不好，那么你到了办公室又能做什么呢（假设你安全到达了办公室）？有时必须带病工作，但是不要把重要的事情委托给缺乏葡萄糖的大脑。如果你确实不能缺席某个会议，那么尽量回避那些会消耗你自制力的话题。如果你手下有个至关重要的项目，那么不要做任何不可挽回的决策。不要指望身体抱恙的人有巅峰表现。如果你的孩子在SAT考试那天感冒了，那就重新安排一个时间吧。

累了，就睡。 这么浅显的道理，我们本来说都不该说，但是并非只有坏脾气的小孩子不好好睡觉，成年人也经常克扣自

己的睡眠时间，导致自制力差。休息，能减少身体对葡萄糖的
需求，还能全面增强身体利用血糖的能力。有研究证明，剥夺
睡眠会损害葡萄糖的加工，这会立即导致自制力下降——长期
下去，还会提高患糖尿病的风险。

睡眠研究者已经开始证明两者之间的联系。最近的一项研
究发现，根据上司以及他人的评价，睡眠不足的人比其他人更
容易在工作中出现不道德行为。例如，他们比其他人更可能把
别人的功劳据为己有。有个实验室研究发现，睡眠不足的学生
比其他学生更可能在测验中趁机作弊（以获得更多实验报酬）。
睡眠不足对身体和心理有着多种多样的不良后果，这些不良后
果背后隐藏的是自制力及其相关活动能力（比如决策制定）的
减弱。为了让你的意志力发挥最大功效，最好留出充足的睡眠
时间，这样第二天你的表现会更好——第二天晚上你会更容易
入睡。

第 3 章

任务清单简史，从上帝到凯里

起初神创造天地。

地是空虚混沌，

渊面黑暗；

神的灵运行在水面上。

——《创世记》开篇

起初，是清单。

正如《圣经》告诉我们的那样，创造并不是一项简单的工作，哪怕是对无所不能的上帝来说。这项工程要求"神的孵化"（divine brooding），它并非意味着上帝皱着眉头仔细沉思（brooding有"沉思"之意），而是意味着天地像鸡蛋一样要求一段孵化期。这项工程必须分解成一个个任务，第一天的任务是：

1. 制造光
2. 观察光
3. 确认光是好的
4. 把光、暗分开
5. 称光为"昼"
6. 称暗为"夜"

后人把这个第一天叫作星期一，把后面六天依次叫作星期

二、星期三、星期四、星期五、星期六、星期日。星期二，上帝造出空气，把天和地分开。星期三，上帝造出陆地、海洋和植物。星期四，上帝造出太阳、月亮和星星。星期五，上帝造出鸟和鱼。星期六，上帝造出牲畜、野兽、昆虫和人类。以上任务最后在周末一起验收："上帝看着所造的一切，认为甚好。"星期日，上帝累了，就休息了一天。

星期天休息，像不像你？乍一看，上帝创造世界使用的策略简直平常得不能再平常：设置一个目标，列出实现步骤。但是，有多少凡人能把自己每周清单上的任务都做完呢？清单越长，失败率越高。一般而言，不论什么时候，一个人都至少有150个不同任务要完成，而且要不断面临新的任务。我们如何决定清单上要列什么、下一步要做什么？好消息是，终于有些切合实际的策略了。但是，发现这些策略的过程十分曲折。在心理学家和神经科学家研究了几十年后，在经历了几百年的励志、几千年的试错后，我们才认识到"创世记"任务清单的要素。

自我控制的第一步是，设置清晰的目标。研究者用来指代自我控制的专业术语是"自我调节"，其中的"调节"突出了目标的重要性。调节意味着改变，但是特指有目的、有意义的改变。调节，就是向某个特定目标或其他标准看齐（其他标准是指高速公路的最高限速、办公大楼的最大限高等）。没有特定目标或其他标准的自我控制，不过是漫无目的的改变，就像在不知道哪些食物会让人发胖的情况下努力节食。

但是，对我们大部分人而言，问题不是没有目标，而是目标太多。我们每天都列出很多任务，即使没有外界干扰，一天之内也完成不了这些任务，更何况外界干扰总是有的。到了周末，未完成的任务更是堆积如山，但是我们还是一再拖延，寄希望于某个时间能一下子把所有任务都搞定。正因为如此，工效专家才发现，经理人给星期一列的任务经常多到整个星期都做不完。

我们可以再不切实际一点，设置长期目标。伟大的励志先驱本杰明·富兰克林晚年写自传时调侃地回忆起他在二十几岁时给自己设置的目标："与此同时，一个大胆而艰巨的计划在我头脑中形成了，我要让道德达到完美境界。我希望能在这个世界上生活却不犯任何一点过错。我将征服自己所有的缺点，不论是天性、习惯方面的缺点，还是从朋友那里沾染过来的缺点。"没过多久，他注意到一个问题。"当我小心谨慎防备着某一缺点时，却出乎意料地冒出另外一个缺点。习惯总会乘虚而入，习性往往强于理智。"

所以富兰克林采取"分而化之逐个击破"的策略。他列出一串美德，然后给每个美德定下一个小目标，比如"秩序：生活物品要放置有序，工作时间要合理安排"。除了秩序以外，他的清单上还有 12 个美德，分别是节制、缄默、决心、节俭、勤勉、真诚、正义、中庸、清洁、平静、贞节、谦逊。不过，他明白自己有极限。"我认为最好不要一下子都去尝试，这是很难办到的，"富兰克林解释说，"还是在一个时期内将注意力集中在其中一个美德上为好。"于是，他制定了一套课程。这套课程放在今天，可能会有一个抢眼的名字——"13 周通向完美"。早在史蒂芬·柯维（Steven Covey）写出《高效能人士的七个习惯》（*The Seven Habits of Highly Effective People*）之前，早在斯图尔特·斯莫利（Stuart Smalley）朗诵"每日必念自励口号"之前，富兰克林就设计了一套修身养性之道，其中包括一个"美德检查表"和一段祷告文。祷告文如下：

> 至高无上的天主，您就是生命与光明的创造者，
>
> 您亲自给我教诲，开启我向善的眼睛。
>
> 引导我走出淫邪的欲求，摆脱愚蠢、虚荣和邪恶，
>
> 让高尚的知识充满我的灵魂，
>
> 使我得到清醒的宁静和纯洁的德行，
>
> 还赐予我神圣、充足、永不止息的祝福。

富兰克林用白纸做了一本小册子，每页都画了美德检查表。每个检查表包括 7 列 13 行，每列代表星期几，每行代表美德（前面标上美德的首字母）。他每天检查自己的所作所为，发现违反了哪几项德行，就在相应格子做个标记。不过，他每周重点关注一个美德（这个美德位于第一行），避免出现任何违反这个美德的行为；一般关注其余美德，只是每天晚上就当天的错误做上标记。表格是用墨水画的红线，标记是用铅笔标的黑点。有一周，他重点关注"节制"，一般关注其他美德，那周的表格记录着：星期日"缄默"和"秩序"不够，星期二

"秩序"和"勤勉"不足，星期五违反"决心"和"节俭"。但是，富兰克林实现了那周的目标："节制"那行是空白的。这个进步大大鼓励了富兰克林，他下周转而重点关注另外一个美德，希望上一周修炼好的"节制"成为一种"习性"，即使不重点关注也能继续保持下去。富兰克林把自己比作园丁：把大片花园分成 13 个小块，每天除去一小块的杂草，13 天完成一轮；一轮一轮地重复，杂草每轮都会减少一些，最后完全消失。"我希望看到表格上面的黑点不断减少，因为这表明我在培养美德方面取得了进步，对我是一种鼓励。直到最后一轮课程，如果 13 周的每日检查表留下的只是一本空白小册子，那么我就满足了。"

　　进展没有那么顺利，黑点不断出现在表格上。实际上，随着他重复这个"课程"，反复擦去表格上的黑点，没过多久小册子就被擦得到处是洞。于是，他找了一本比较坚硬的小册子（中轴是用象牙做的，展开后就像风扇）。在这本小册子上，用墨水画出的红线，经久不消，用铅笔标记的黑点，只需一块湿海绵就能轻易擦掉。半个世纪后，他作为外交官在巴黎与女士们应酬时，仍然带着那本小册子并不时拿出来炫耀，惹来一个法国朋友惊叹着摩挲"这本珍贵的小册子"。与后来的励志大师不一样——其中有一些借用他的名字搞了一个"富兰克林-柯维 31 日计划法"（Franklin Covey 31-Day Planner）——富兰克林从未想过在国际上推广他的修身养性之道。或许因为他忙着在巴黎为乔治·华盛顿的军队争取赞助，没有时间；或许因为他喜欢女人的陪伴，很难倡导"贞节"之类的美德。除了那些之外，富兰克林还很难让桌子上的文件保持"井然有序"，这意味着秩序一栏的黑点非常多。他在《穷查理年鉴》（*Poor Richard's Almanack*）①中说：

> **大胆的好决定容易做出，但难以实施。**

不管富兰克林多么努力，他从未做到让那本小册子没有一个黑点，因为有些目标在某些时候必然会相互冲突。年轻时做印刷工学徒时，为了修炼"秩序"，他制定了严格的每日工作表，结果不时被客户的一些意外要求打断，而"勤勉"则要求他忽略工作表、满足客户要求。如果他修炼"节俭（不浪费任何东西）"，总是亲手补衣做饭，那就没有多少时间在工作上、在副业上"勤勉"——这个副业是指，在雷雨天放风筝、编辑《独立宣言》等。如果他答应陪朋友一个晚上，但是陪朋友会耽误工作，那么他必须选择是违反"勤勉"还是违反"决心：决定做的事一定要做到"。

然而，与现代人相比，富兰克林的各个目标还是相当一致的。他把焦点集中在那套古老的清教美德上：努力工作，不重享乐（至少在理论上如此）。他没有下决心在海滩漫步、在非营利团体做义工、在社区提倡废物回收、花更多时间好好陪伴孩子。他没有列出一长串想去旅游的地方，也没有梦想着退休

---

① 《穷查理年鉴》，又叫《可怜查理的日记》，是由美国建国先贤本杰明·富兰克林借可怜查理之名写下的一部旷世杰作，是一部箴言集，因为都是写在日历本上，所以叫作历书、年鉴。——编者注

之后去佛罗里达隐居。他没有下决心在《巴黎条约》谈判期间学会打高尔夫。今天的诱惑更多，其中一个诱惑就是——一下子拥有所有想要的。

研究者让人列出自己的目标时，大部分人能轻易想出至少15个目标。有些目标互相支持，比如戒烟和少花钱。但是工作方面的目标和生活方面的目标无疑会相互冲突。即使同是家庭方面的目标，"与配偶搞好关系"也可能与"照顾孩子"相互冲突——这一点也许有助于解释为什么婚姻满意度会在夫妻生下第一个孩子后下降、在最后一个孩子长大搬出之后回升。有些目标是自己与自己冲突，比如富兰克林的美德"中庸：避免任何极端倾向，尽量克制报复心理"。很多人在受到委屈时以"控制住脾气"为目标。如果受到不公平的对待，他们当时克制住自己不说任何话、不做任何事，事后却觉得难受，因为他们没有表达自己的观点、没有为自己挺身而出，或者因为他们最初的问题还是没有解决。修炼"中庸"，就会违反富兰克林的另外一个美德——"正义"。

相互冲突的目标带来的不是行动而是苦恼，正如心理学家罗伯特·埃蒙斯（Robert Emmons）和劳拉·金（Laura King）在一系列研究中证明的那样。他们让人列出15个主要目标，标出哪个与哪个相互冲突。在一项研究中，被试者每天记录下自己的情绪状况和身体症状，一共记录了3个星期，还准许研究者查看他们前一年的健康记录。在另外一项研究中，研究人员白天不定时传呼带有BP机的被试者，让被试者报告自己当时在做什么、有何感受。被试者还在一年后回到实验室，进一步提供信息，报告自己上一年做过什么、健康状况有何变化。通过询问人们的目标并监控那些目标，研究者发现相互冲突的目标会造成三大后果：

第一，愁得多。相互竞争的要求越多，就会花越多时间去考虑。你会陷入强迫性穷思竭虑（obsessive rumination）：一些想法反复出现，不由自主，造成痛苦。

第二，做得少。对目标考虑得越多的人，越有可能采取行动去实现目标，但是实际上他们用思考取代了行动。研究者发现，目标清晰且互不冲突的人，往往会采取行动，取得进展，但是其他人则忙着发愁，止步不前。

第三，身体健康和心理健康都变差。在研究中，目标相互冲突的人，报告的积极情绪较少、消极情绪较多，尤其是抑郁和焦虑的情绪。他们抱怨的身心症状也较多。连平常的身体疾病，也是目标相互冲突的人得的较多（用看医生的次数和自我报告的得病次数来衡量）。相互冲突的目标越多，越有可能止步不前，越有可能变得不高兴、不健康。

他们为"brooding"付出了太多代价。"Brooding"这个原是用来指代"孵卵"的古老词语，在18世纪竟然开始与心理疾病联系起来，这很可能是因为很多人都发现了后来心理学家所研究的同样的问题。母鸡可以安心地孵蛋，但是人们却因目标相互冲突、难于采取行动而发愁。而且，在他们决定哪种目标会给他们带来最大的好处之前，他们难以解决那些冲突。

哪些目标？

乔正在一家餐厅喝咖啡。他在想，当……的时间来临……

假设你在做一个讲故事的练习，要把乔的故事补充完整，想怎么补充就怎么补充，请迅速想象乔的脑子可能在想什么。

现在尝试一个类似的练习。请以下面几句话作为开头，讲一个完整的故事：

醒来后，比尔开始考虑他的未来。大体上他期望……

同样，你想怎么讲就怎么讲。把比尔的故事补充完整，不用深思熟虑，粗略想想就可以。

完成了吗？

现在看看你在故事中描述过的行动。在每个故事中，那些行动要多久之后才发生？

当然，这不是一个给想做小说家的人做的文字练习。这是精神病学家在佛蒙特州伯灵顿的一家治疗中心以海洛因成瘾者为被试者做实验时使用的一个练习。研究者还把这个练习给对照组做了。对照组在人口统计学变量上与成瘾者类似（没有大学学位、年收入少于 2 万美元等）。乔坐在咖啡馆想"当……的时间来临"，这个时间跨度在对照组故事里一般是一星期，而在成瘾者故事里一般只有一小时。为比尔描画"未来"时，对照组倾向于提到长远目标，比如升职或结婚，而成瘾者倾向于提到即将发生的事情，比如医生查房、亲人探望。对照组能看到未来 4 年半甚至更远，而成瘾者只能看未来 9 天。

这种短视，一次又一次地在各种各样的成瘾者身上得到了证实。毒品成瘾者在实验室玩牌，更喜欢冒险的策略，也就是那些能迅速赢一大笔的策略，即使长远来看每次赢一小笔赢上好几次赚的钱会更多。如果面临一个选择，"A.今天获得 375 美元，B.一年后获得 1000 美元"，那么成瘾者更有可能选择 A，酗酒者、吸烟者也是如此。在伯灵顿研究过那些成瘾者后继续在阿肯色大学做研究的精神病学家沃伦·毕克尔（Warren Bickel）说，研究一次又一次发现，大量使用烟草、酒精或者毒品的人偏爱短期回报（唯一一个例外又是大麻，尽管大麻的致瘾性远远不及其他物质，但是人们好像不用特别短视就会吸大麻成瘾）。短视让你更可能上瘾，上瘾之后就偏爱短期回报，进而变得更加短视。如果你设法做到了完全或部分戒瘾，那么你的眼光可能会变长远一些，正如毕克尔及其同事在以吸烟者和吸大烟者为研究对象做实验时发现的那样。

就像在生活中一样，在实验室中，酗酒者、吸毒者和吸烟者是典型的短视受害者。不为长远考虑会对健康有害，不管是身体健康还是心理健康。在另外一个涉及乔和比尔故事练习的实验中，研究者发现，高收入者比低收入者看得更远。这个差异有一定的必然性：如果你还在为每月的房租奔波，那么你就用不着奢侈地比较各种退休金计划的优劣。然而，没有能力支付房租，可能也是短视造成的一个后果。有个伊索寓言说，与活在当下的蚱蜢相比，富有远见的蚂蚁过冬准备做得更好。

然而，伊索的话也不能作为目标设置的定论。几十年来，心理学家一直在争论，到底是近端目标（短期目标）好还是远端目标（长期目标）好。有个经典实验是这个领域的传奇人物艾伯特·班杜拉（Albert Bandura）做的。插一句，有人调查后得出结论说，他被引用的次数排在第4，仅次于弗洛伊德、斯金纳和皮亚杰。他和戴尔·申克（Dale Schunk）研究了一群7~10岁的孩子。这群孩子参加了一个以自我指导式学习为特色的课程，其间做了很多算术练习。他们让一些孩子设置近端目标：每节结束后都至少做6页题目。他们让另外一些孩子只设置一个远端目标：7节都结束后完成42页题目。这样，两组的总节奏是一样的。第三组没有设置目标，第四组连题目都没做。

课程结束后统一进行能力测验，结果发现，设置近端目标的那组，比其他所有组的成绩都好。表面上，他们之所以成功是因为他们每天都实现了目标，渐渐增强了自信和自我效能感。把焦点放在每节的具体目标上，他们比其他人学得更好、更快。尽管他们每节所花时间更少，但是他们每节所做题目更多，因此总进度更快。最后，面对难题时，他们坚持得更久，更不可能放弃。结果还发现，远端目标并不比完全没目标好。只有近端目标才能让学习有所进步、让自我效能感和成绩有所提高。

但是在这项研究结果发表在《人格与社会心理学杂志》

（*Journal of Personality and Social Psychology*，是该领域最权威、最严谨的杂志）后不久，这一杂志又刊登了荷兰研究者的一篇论文，该论文表明远端目标更好，至少对研究中的高中男生来说如此。关心远端目标（找到感兴趣的职业、挣很多钱、家庭美满、获得较高社会地位等）的男生，在学校里表现得更好；而相对不关心这类远端目标的男生，在学校里的表现则较差。关注远端目标似乎比关注近端目标（比如取得好成绩、赢得度假机会或挣个文凭）更有效。那些远端目标似乎也比当下目标（比如帮助他人或者获得知识）更有效。为什么远端目标在这些高中生身上有效，但是在前面研究中的算术课上无效？一个原因是，高中生可以清楚地看到日常任务与远端目标之间的联系。优等生不仅强调远端目标，而且比其他学生更可能把当前的努力学习看作实现那些目标的必要步骤。另外一个原因或许是，年纪大的孩子比年纪小的孩子更擅长思考未来。

不管那些男生后来是否实现了他们的远端目标，他们都看到了每日努力和遥远梦想之间的联系，于是愿意努力，以取得进步。而且，他们的辛苦应该有了回报，就像本杰明·富兰克林一样。富兰克林在晚年时承认，他从未实现让小册子干净一周的近端目标，更不用说道德完美的远端目标。但是，两种目标之间的联系激励着他一直向前走，而且，结果令他欣慰。"总体上，"富兰克林总结说，"虽然我从来没有达到我最初想要达到的完美境界，而且差得很远，但是我通过这些努力使自己得到了很多快乐，而且比没有做过这样尝试的我要完美一些。"

模糊对精确

为了实现目标，计划应该做得多具体？在一个严格控制的实验中，研究者监控了参加某课程的大学生，该课程的目标是提高学习技能。除了就如何有效利用时间给予一些常见指导外，研究者还把这些学生随机分配到三个小组。一个小组制订计划，详细到每天何时何地学些什么。另外一个小组也制订类似计划，只是不以天为单位，而以月为单位。第三组是对照组，没有制订计划。

研究者预测，很有可能是日计划最管用。但是，他们错了。月计划组表现最好，不管是在学习习惯上还是在学习态度上。对成绩较差的学生来说（尽管对较好的学生不是），与日计划者相比，月计划者的学习成绩提高得更多，让学习成绩在高位保持了更长时间，而且更有可能在课程结束后的学习中执行后续计划。课程结束一年后，月计划者的学习成绩仍然比日计划者好，后者之中大部分人在这个时候基本上放弃了做计划，不管是日计划还是其他什么计划。

为什么？日计划确实有个优点，即让人确切地知道自己每刻应该做什么。但是它的制订太耗时间，因为确定一个月每天要干什么与确定一个月总体要干什么相比，花费的时间要多很多。日计划的另外一个缺点是，缺乏灵活性。日计划让人没有机会边执行边调整，所以做计划的人觉得困在了一系列僵化而磨人的任务中。生活很少严格按计划来，所以只要你哪天落后于计划，士气就会大受打击。对比之下，使用月计划，你可以边执行边调整，哪天拖延了，你的计划仍然不受影响。

就计划是模糊好还是精确好这个主题而言，规模最大的实验是军事领袖在欧洲战场上做的非控制实验。拿破仑曾经这样总结自己的军事战略思想："打吧，然后等着看情况吧。"密切关注敌人动向然后随机应变，他胜利了，让所带军队成为全欧洲嫉妒的对象（也是全欧洲苦难的根源）。北边的对手普鲁士人，与法国人交战每战必输。为了摆脱窘况，他们绞尽脑汁想办法，最后决定多做计划。普鲁士军队"士兵坐在桌子旁，拿着纸笔做计划"的场景招致了其他国家军官的嘲笑。但是，他们的计划确实有了效果，后来与法国人打仗就取得了彻底胜利。

到了第一次世界大战，人人做计划。到了第二次世界大战，军事指挥官运用战略战术完成了"史上最复杂的一次运筹"：诺曼底登陆。16万名盟军在海滩登陆，以拿破仑的标准来看，这次行动并不大，拿破仑曾让一支有着40多万名军人的队伍开进了俄国。但是，整个行动筹划得特别精确，筹划者专门为这次行动设计了一套日历，登陆时间为"D日"，精确到"H时"（航海曙暮光①后1.5小时）。任务清单上有详细指示，包括要做哪些准备（如在第3天密集轰炸等），以及登陆本身要如何做。整个计划一直做到第14天，指出各路援军在战斗打响

---

① 曙暮光是指在日出之前或日落之后散射在地球大气层的上层，由于高空大气层里的质点和尘埃对太阳起散射作用而引起的、照亮了低层的大气与地球表面的阳光。——编者注

整整两星期后分别要在何处到达。登陆筹划者似乎比拿破仑更狂妄，不过比拿破仑命好，最后成功了，这增强了每个人对他们的信心。

"二战"结束后，美国出现了新的计划英雄，比如"精明小子"（Whiz Kids）团队，他们是"二战"退伍老兵，重组了福特汽车公司。团队领导是罗伯特·麦克纳马拉（Robert McNamara），"二战"开始前在哈佛商学院教会计学。他在空军统计控制办公室（Army Air Force's Office of Statistical Control）运用他的数学技能分析轰炸任务，大获成功。正是因为这一杰出表现，福特汽车请他去力挽狂澜。之后，他回到军队，成为国防部长，给五角大楼引入了新的精细复杂的计划工具，这些计划工具以"系统分析"和大量数据为基础。他似乎就是现代勇士的标准榜样，直到在越南战争中他的计划造成了十分恶劣的后果。当他坐在五角大楼根据他看到的伤亡数据测绘敌军伤亡人数时，他的士兵在丛林里发现自己无法相信那些数据、那些计划。越战惨败让军事领袖重新认识到灵活的必要性，伊拉克战争计划、阿富汗战争计划偏离初衷进一步突出了这一教训。有时，正如拿破仑所说的那样，你就边打边看、随机应变吧。

那么，现代将领到底如何做计划呢？最近，一个心理学家受五角大楼邀请做了一个有关时间管理和资源管理的讲座，在讲座期间向一群高级将领提了那个问题。为了给那群高级将领热身，他让他们总结一下管理方法并写在纸上。为了简短起见，他要求每个人用词不超过 25 个。这个练习让大部分将领感到为难。这些穿着制服的优秀男人，没有一个人写出点什么东西。

唯一写出点什么东西的将领，是在座的唯一一女性。她的从军生涯非常出色，从士兵一步步做到将领，在伊拉克战争中受过伤。她这样写道："先把事情按轻重缓急排序，后划掉排在'3'之后的所有事情。"

其他将领也许反对她的方法，说每个人都有不止两个目标，而某些项目——比方说"D日"——的要求不止两个步骤。但是这位女将却告诉了我们一些东西。她的方法是其策略的简版，这个策略就是：在长期与短期、精确与模糊的目标之间求得平衡。她追求的是心静如水，正如我们下面将要看到的那样。

凯里的梦想收件箱

一天，在好莱坞，面对像往常一样乱糟糟的办公桌，德鲁·凯里开始幻想。他看着成堆的报纸想："全球著名时间管理大师戴维·艾伦（David Allen）会做什么？或者，说得更准确一点，如果我能把戴维·艾伦弄到这儿来处理这堆东西，那会怎样？"

直到那一刻，凯里还是一个相当"典型"的信息过载受害者，如果名人可以被视为"典型"的话。他在自己制作的热门情景喜剧中担任主角，在电视上做即兴喜剧表演，写回忆录

（卖得很好），主持游戏大赛，从事慈善事业和政治事业，拥有一支足球队——但是那些挑战没有一个像他的收件箱或任务清单那样让他望而生畏。虽然有助手，但是他仍然保证不了把电话都回了，剧本都看了，会议都应付了，慈善晚宴都主持了，每天的几十封邮件都立即回复了。他家里的办公桌上，扔着待付款的账单、待回复的信件、待完成的任务、待履行的承诺。

"我在某些方面有自制力，在某些方面没自制力，"凯里说，"这取决于什么是紧要的。我就是受不了办公室乱糟糟的。我有几箱子文件，我的办公桌总也理不清。我电脑的两边都堆着杂物和信件。你知道，办公室那个样子让我无法思考。我总觉得要失控，因为我总感觉有事情没做。你不能读书，也不能娱乐，因为你在潜意识里觉得，你应该把那些电子邮件都看完。你从未真正地休息。"

凯里偶然看了戴维·艾伦的《搞定：无压工作的艺术》（*Getting Things Done: The Art of Stress-Free Productivity*），不过仍然没有享受到该书副标题描述的那种极乐境界。"我读那本书，采取了其中的方法，是某些方法，不是全部方法，但结果还是令我绝望。最后我想通了，'管它呢，我有钱'，可以直接给他打电话。我打电话到他公司问他，如果让他亲自为我提供咨询服务，需要花多少钱？他说'×美元，我为你咨询一整年'。我说'成交'。虽然花了很多钱，不过我不在意。"

不管×有多大，在GTD信徒看来，凯里的决定很有道理。GTD是艾伦那本书主标题的首字母缩写，后来成了一种工作、生活方式的代名词。但是，这不是通常意义上的个人崇拜，即不是因为艾伦的个人魅力而崇拜他。艾伦既没提供 7 条简单的生活规则，也没鼓动人们加入赋能授权的疯狂潮流。他没有提供"以终为始"①那样的含糊建议，也没提供"唤醒心中巨人"②那样的空洞口号。他把焦点放在任务清单、文件夹、标签和收件箱的细节上。

GTD 涉及一个心理现象——内心唠叨（inner nag）。心理学家几十年前就认识了它，可是直到最近才真正了解了它。鲍迈斯特实验室做了一些实验，寻找关掉内心唠叨的方法。这些实验与艾伦的研究殊途同归。艾伦没有参考任何心理理论，而是严格靠自己摸索，做过很多尝试，犯过很多错误。20 世纪60 年代成年后，他学习禅文和苏非文，在加州大学伯克利分校攻读历史硕士，中途辍学，吸过毒（其间短期精神崩溃过），教空手道，在一家提供个人成长培训的公司工作。以上过程中，为了生计，他还做过助力车推销员、魔术师、庭院设计师、旅行代理、吹玻璃工、出租车司机、卡车出租公司交易员、服务员、维生素发放员、煤气站管理员、建筑工人和厨师。

"如果你在 1968 年对我说我能当个人效率顾问，"他说，"我肯定会说你根本不了解我。"他不停换工作（他计算了一下，

---

① "以始为终"指《高效能人士的七个习惯》中的"begin with the end in mind"。——译者注

② "唤醒心中巨人"是赋能授权的主要倡导人安东尼·罗宾斯（Anthony Robbins）的书名 Awaken the Giant Within。——译者注

35 岁生日前他一共做过 35 份工作），直到他因在新时代做培训师期间表现出色而受邀为世界军用飞机市场的领军企业洛克希德等公司的经理人提供咨询服务。尽管这一履历有些古怪，但是艾伦认为从瘾君子和空手道教练到培训师和咨询顾问的发展存在一定的连贯性。他说，所有这些工作，都是为了追求内心的宁静，追求"心如止水"，这个词语是他从空手道课程那里学来的："想象一下，把鹅卵石扔进平静的池塘，水会有什么反应？答案是，出现一圈圈与投掷力度和石块质量相称的涟漪，然后恢复平静。它不会反应过度，也不会反应不足。"

如果你想感受他的这一理念，可以参观他的办公室——那绝对令人羡慕。你能想到工效专家是秩序井然的，而他的公司总部也的确十分清爽，然而清爽到完全看不到任何文件，还是会令你大吃一惊。插一句，他的公司总部位于奥哈伊，南加州的一个小镇，靠近圣巴巴拉市。他的办公桌呈 L 形，右边是 3 层木架，每层都空空的，连收件箱都空空的。桌子左边是两层木架，上面放着十几本书和杂志，这些都是他留着坐飞机时看的。否则，他的桌子真的是干干净净。根据"4D"原则，一切没有做完（done）、没有委派（delegated）或者没有丢弃（dropped）的东西都搁置（deferred）在 6 个二屉文件柜里，文件柜里放着一排排文件夹，文件夹按字母顺序排列，字母标签是他电脑旁边的小机器打印出来的。你也许把所有这一切都解释为肛欲期强迫症的沉闷表现，但是艾伦再轻松不过了。

开始为负担过重的经理人提供咨询服务后，他看出了传统大局式管理计划（像写出使命陈述、定义长期目标、设置优先次序）的问题。他理解远大目标的必要性，但是他看出这些客户太过心烦意乱，无法把精力集中在眼前哪怕是最简单的任务上。为了描述他们的痛苦，艾伦使用了另外一个佛教意象词"心猿"（monkey mind），意思是，心里东想西想，就像猴子一会儿跳到这棵树上一会儿跳到那棵树上。艾伦有时还使用另外一个比喻：猴子蹲在你的肩膀上，冲着你的耳朵唧唧喳喳，不断地猜测、插嘴，直到你想尖叫，"来人，让猴子闭嘴！"

"大部分人从未体验过那种除了正在做的事情外心中什么都不想的状态，"艾伦说，"那样的失调、那样的压力如果一月只有一次，是可以忍受的。但是，一月一次的状况已经成了历史。现在，人们总在忙着应对焦虑，随时会麻木、迟钝或者发疯。"

艾伦不是教客户从目标着手思考如何实现目标，而是教客户从办公桌着手思考如何清理办公桌。他看出了传统建议的不切实际，比如，有条规则是，绝不要触碰一份文件一次以上——理论上很好，实际上不可能。你要如何处理一个提醒你下周开会的备忘录呢？艾伦记得他做旅行代理时使用过一个工具——到期票据登记簿。备忘录可以像飞机票一样放在文件夹里，存到要用的那一天。这样，办公桌可以保持整洁，在用到备忘录之前，备忘录都不会让你分心。艾伦的到期票据登记簿，包括12个"月文件夹"（月，是指当年的每月）和31个"日文件夹"（日，是指当月的每日），被追随者争相效仿，一个很受欢迎的生活窍门网站就以其命名：43folders.com[①]。

　　除了把文件从办公桌上移走外，到期票据登记簿还除掉了一个焦虑源。一旦某件事情收藏在文件夹里，你就知道到期会得到提醒去处理。内心就不会有个声音不断唠叨你别丢掉或忘掉这个东西。艾伦还用其他办法消除内心的这种唠叨，比如关闭内心的"开放环路"（open loops）。"我从个人成长培训界学到了一课：自己与自己制定的协议是非常重要的，"他回忆说，"当你与自己制定了一个协议但没遵守，你就会破坏你对自己的信任。你可以糊弄任何人，除了你自己；如果你糊弄了自己，你就会付出代价。所以，你应该知道你与自己定下了什么协议。我们开设了一个工作坊，教人写下自己与自己制定的协议。"

　　当然，罗列目标的策略没有什么新鲜的。自"诺亚方舟"和"十诫"以来，所有励志书都会介绍列清单的策略。但是，在资深管理顾问迪安·艾奇逊（Dean Acheson，不是那个前国防部长）的帮助下，艾伦改进了这些策略。为了帮助客户条理化，艾奇逊先让客户列出所有目标和任务，大的小的，远的近的，模糊的精确的。客户不必为每个项目设截止日期或者做进度表，但是必须为每个目标或任务确定下一步具体采取什么行动。

　　"迪安让我坐下，帮我清空大脑，"艾伦说，"我思考了很多，自认非常有条理，于是以为自己已经搞定了。但是，结果还是让我吓了一跳。我想，这个方法确实有用！"之后，艾伦

---

　　① Folder，中文意思是文件夹。"43"是指月文件夹和日文件夹的总和。——译者注

在为自己的客户提供咨询服务时就宣扬起"下步行动"（next action，GTD者将其简称为NA）的重要性。任务清单不该包括"准备妈妈的生日礼物"或者"处理税务"之类的条目。它必须具体到下步行动，像"开车到珠宝店"或者"打电话给会计"。

"如果你的清单有一条是'写感谢信'，那么，只要你有纸有笔，这就是一个很好的下步行动。"艾伦说，"但是，如果你没有纸，那么你就会下意识地知道你写不了信，进而回避清单、拖延下去。"其中的区别也许听起来容易理解，但是人们总是搞错。听说蒂尔尼在《搞定：无压工作的艺术》的启发下，在智能手机上安装了GTD程序，艾伦打赌其NA清单上的大部分条目并不能立即执行。不出所料，艾伦发现其NA清单上尽是"联系mint.com研究员"或者"向埃丝特·戴森（Esther Dyson）请教自我控制问题"之类的条目——太含糊，不符合GTD标准。

"你要如何联系或请教他们？"艾伦问，"你已经有了他们的电话号码或者邮箱地址吗？你决定了是打电话还是写邮件吗？其中的细微区别很重要。NA清单上的各个条目，要么吸引你，要么排斥你。如果你说'请教埃丝特'是因为你没有想好下一步到底做什么，那么有一部分你是不想看清单的。你在回避潜意识中的焦虑。但是如果你说'给埃丝特写邮件'，那么你的想法是'哦，我可以做那个'，于是你前进了，觉得自己完成了某件事。"

几年前，科技作家丹尼·奥布赖恩（Danny O'Brien）给他认识的70个"格外多产的"人发放问卷，询问他们把工作生活打理得井井有条的秘诀。结果，大部分人说他们并没使用特别软件或其他高级工具，但是很多人说他们的做法符合GTD系统——这个除了要求纸、笔、文件夹外不要求其他复杂东西的系统。然而，尚未有研究者拿GTD者与对照组做比较。但是，压力研究得到的证据支持艾伦观察到的东西。心理学家也一直在研究如何消除"心猿"。不过，他们用另外一个词语称呼这一效应。

蔡氏效应

根据心理学家之间流传的说法，这一效应的发现始于20世纪20年代中期柏林大学附近的一顿午餐。柏林大学一群人去餐厅吃饭，都对同一个服务员下单。这个服务员没有用纸笔记录，只是不断点头。最后，他给每个人端来的东西都没错。他超强的记忆力让这一群人大为惊叹。大家吃完饭后，离开了餐厅。其中有个人（不清楚到底是谁）发现自己把东西落在了餐厅，于是回去取。他找到那个服务员，希望服务员超强的记忆力能够帮到他。

但是，服务员什么都记不起来。他不知道这个客人是谁，更不用说记得这个客人坐在哪儿。丢东西的人问服务员为何这么快就忘掉了一切，服务员解释说他只把每个单子一直记到上菜之时。

那群吃饭的人中有个年轻的心理学学生，她是俄国人，名叫布卢玛·蔡格尼克（Bluma Zeigarnik），她的导师就是很有影响力的思想家库尔特·勒温（Kurt Lewin）。勒温听说了这个事情后，就思考背后是不是有个更一般的原则。人类记忆是否严格区分已完成的任务和未完成的任务？他们开始观察那些做拼图游戏时被打断的人。他们的研究，以及接下来几十年的很多研究，证实了著名的"蔡氏效应"（Zeigarnik effect）：任务未完成、目标未实现，脑子里就会有个声音不断提醒你去完成任务、实现目标。然而，一旦任务完成了、目标实现了，脑子里的那个声音就会消失。

有个简单办法可以帮助你理解蔡氏效应。随便选一首歌曲播放给自己听，中途关掉，那么这首歌曲就很有可能不时地在你脑中自动播放。如果你把歌曲播放完了，那么大脑就将之"结项"（打个比方啊）。然而，如果你中途关掉，那么大脑就把歌曲看作未完成事务，就像提醒你还有工作要做一样，大脑会不断在你的思维流里插入歌曲片段。就是因为这个原因，演员比尔·默里（Bill Murray）在电影《土拨鼠日》（*Groundhog Day*）中不断关掉收音机闹钟的铃声——《你是我的，宝贝》，这首歌曲不断在他脑中播放（不断把他逼疯）。就是因为这个原因，这种"耳朵虫"往往令人讨厌而非愉悦。我们更可能在中途关掉讨厌的歌曲，所以萦绕在我们脑中的多是讨厌的歌曲。

为什么大脑用"你是我的，宝贝"折磨自己呢？心理学家一般假定，"耳朵虫"是一个有用功能的不良副产品，这个功能就是"任务提醒"。多年以来，对于蔡氏效应是如何形成的，有多个理论解释过，这些理论大致分为两派，各派依据的假定互相竞争。一派依据的假定是，无意识脑一直在跟踪了解进展、确保目标实现，所以这些不时冒出的有意识思维实际上是个让人放心的迹象，说明你的无意识脑在目标实现之前会一直帮你盯着。另外一派依据的假定是，无意识脑在向有意识脑求助，就像小孩拽着大人袖子争取关注和帮助一样，无意识脑在催促有意识脑去完成任务。

但是，现在新出现了一个更好的解释，这多亏了E. J. 马西坎波（E. J. Masicampo）最近做的一些实验。马西坎波是佛罗里达州立大学研究生，与鲍迈斯特合作过。在一项研究中，他让一些学生想最重要的期末考试，让另外一些学生（对照组）想各自日程上不久将要参加的最重要的派对。然后他让一半想考试的学生做计划，具体到何时、何地学习什么。不过，实验期间，没人真的学习。

接着，他让每个人完成一个任务，这个任务隐含一个测评蔡氏效应的测验。他给他们一些不完整的单词，指导他们把单词补充完整。这些不完整的单词，可以补充成与学习有关的单词，也可以补充成与学习无关的单词。例如，re＿＿可以补充成read，也可以补充成real、rest、reap和reek。同样，ex＿＿可以补充成exam，也可以补充成exit。如果一个人老想着未完成的任务而为考试学习，那么这个人就会因为蔡氏效应生成较多与考试有关的单词。确实，马西坎波发现这些单词更常闯入其中一组人的大脑，即那组被提醒过要考试但没有为考试制订学习计划的人。为考试制订了学习计划的人，没有出现这样的效应。尽管他们也被提醒过要考试，但是他们的大脑显然被写下计划这个动作清空了。

在另外一个实验中，马西坎波要求被试者反思生活中的重要任务。他让一些被试者写下最近刚刚完成的一些任务，让另外一些被试者写下没有完成且需要尽快完成的一些任务，让第三组被试者也写下未完成的任务，但是还让他们就如何完成这些任务制订具体计划。然后，他让每个人再做一个"独立的、无关的"（他对被试者是这么说的）实验：阅读一本小说的前10页。在他们阅读期间，他定时检查看看他们是否分心了。在他们阅读之后，他问他们阅读时有多专心，如果分心了，是在哪里分心的。他还检查他们对所读材料的理解情况。

再次，制订计划起作用了。那些写下未完成任务的人，更难专心阅读小说——除非他们就完成任务制订了具体计划。写下未完成任务同时制订具体计划的人报告的分心次数相对较少，在阅读理解测验上得分较高。

所以，蔡氏效应原来并不像心理学家几十年来假定的那样是个直到任务完成才消失的提醒音。不时地分心，并不表明无意识脑在监控任务进展，也不表明无意识脑在督促有意识脑完成任务。相反，无意识脑在催促有意识脑制订计划。无意识脑显然不能独立做这个事情，所以它催促有意识脑去做，把时间、地点和机会之类的细节想清楚。一旦计划出来了，无意识脑就不再用提醒音催促有意识脑。

艾伦的GTD就是这样处理他所说的"心猿"问题的。如果你像他的典型客户一样，任务清单上至少有150个条目，那么蔡氏效应会让你的思维一会儿跳到这个任务，一会儿跳到那个任务，而且，仅仅列出大体上做什么，你是静不下心的。如果你有个备忘录必须在星期四早上开会之前看，那么无意识脑就想知道下一步需要做什么、在什么情况下做。但是一旦制订了具体计划——把备忘录放在星期三的到期票据登记簿中，确定了下一步行动——你就能放松下来。你不必马上完成任务，你的任务清单上仍然有150件事情要做，但是此刻猴子消停了，水平静了。

零态清爽

戴维·艾伦一到德鲁·凯里的办公室，就一如既往地从收集材料开始。材料是个含义很广的词语。根据《搞定：无压工作的艺术》的定义，材料指"任何不该出现却出现在你的心理世界或物理世界、你尚未决定其最佳归宿或下步行动的东西"。或者，根据凯里的定义，材料就是办公室里的所有杂物。

然后进入GTD系统的第二阶段——加工材料，决定每份材料是做完、委派、丢弃还是搁置。如果一份材料不具备实施价值，就可以扔掉或者放在文件夹里收起来留待日后参考。如果一份材料与某个项目有关——比如凯里准备主持的一个为南非反种族灭绝运动首脑之一的图图大主教（Archbishop Desmond Tutu）颁发勋章的慈善晚宴，那么这份材料就应该与该项目所需的其他材料归置在一起，放在项目清单上，或者放进电脑的文件夹里，或者放在文件柜里。把所有文件、所有未回复的邮件、电脑或大脑里未完成的任务都过一遍后，凯里确认出几十个私事项目和公务项目——这个情况很典型。艾伦的客户通常有30~100个项目，每个项目至少包括两个任务，把所有这些都清理、分类、加工完往往需要一两个整天。凯里确认了项目后，还必须为每个项目确定具体的下步行动。就慈善晚宴而言，就是下一步要做什么。凯里在办公室整理那些材料时，艾伦全天候陪着。

"他真诚地坐在那儿，看着我处理邮件，"凯里说，"每当我卡住了，他就问'怎么啦'。我告诉他后，他就告诉我怎样做，而我就照他说的做。在这方面，他非常果断。只有很少几次，他说'可以这样做，也可以那样做，你准备怎么做？'"艾伦教他为电话和邮件分别建立文件夹，教他把模糊项目放进"某天/或许"（Someday/Maybe）文件夹，还教他遵循两分钟原则：如果一件事情所花时间不到两分钟，就不要放在清单上，而是立即删掉。

"以前，看到一堆文件，我会不知道里面到底是什么，只会说，哦，上帝，"凯里说，"到达零态（用GTD的话说，就是工作栏里什么都没有，没有电话留言、没有电子邮件、没有文件）的那天，我觉得肩上的担子轻了。我不再开小差，而是心无旁骛地思考。那感觉真是清爽。"

凯里说，从那天开始，在艾伦每月一次到访的帮助下，他总是相当接近零态。他有时会波动，如果他出差过一段时间，那么材料就会堆起来，但是他至少知道材料里面有什么，而且觉得自己会搞定。他可以一身轻松地看书或参加瑜伽班。没有琐事的牵绊，他可以把注意力集中在重要材料上，比如写喜剧。"电话不断闪烁，信件邮件一大堆，这种状态下，你是无法专心写剧本的。"凯里说，"知道其他材料已经安排好了，你就能专心写作，且更具创造力，尽管不一定能写出最好的东西。"从根本上说，那就是GTD的卖点，不论是针对白领还是针对其他人。那就是喜剧演员、艺术家和摇滚音乐家大力赞扬艾伦的清单和文件夹的原因。

"不管你是想整理花园、照相还是写书，"艾伦说，"如果你能乱得有创意，那么你一定处于最佳工作状态。但是，若想文思泉涌，首先要有个干净的工作台。一次一件事，你完全能够应付；一次两件事，你就捉襟见肘。你也许想寻求信仰的慰藉，但是如果你家里的猫粮快没了，那么你最好先制订一个购买猫粮的计划。否则猫粮就会牵扯你的大部分注意力，让你无法专注于信仰。"

但是，为什么把猫粮放在清单上如此之难？为什么即使每天花了2万美元让艾伦坐在旁边看着，艾伦的客户仍然找借口回避办公桌上的材料？他有时必须去厕所里抓住他们，把他们拽回办公室。看到这么多客户为琐碎决定和下一步行动而苦恼，艾伦开始理解为什么"decide"（决定）与"homicide"（自杀）有着相同的词根——拉丁词语"caedere"，意思是"切割"或者"杀死"。

"当我们想决定如何处理材料，或者当我们决定看什么电影时，"艾伦说，"我们并没有对自己说，'看看所有这些酷酷的选择'。那句话隐含着一个强大的信息，'如果我决定看那部电影，我就要排除其他所有电影'。你可以一直假装知道你要做什么正确的事情，但是一旦你面临选择，你就必须处理大脑里的这个开放环路：你错了，你对了，你错了，你对了。每次做选择，你就步入了存在的虚无。"

照说，存在的虚无并不是心理学家非常容易在实验室观察到的东西。但是，在那个虚无里待了足够长的时间，人们就会有比较容易测评的表现——人们可能表现得像艾略特·斯皮策（Eliot Spitzer）一样。我们下章就说说艾略特·斯皮策的故事。

第4章
决策疲劳

人，要想成为人，

须能主宰自身的帝国，

在自我克制的意志上建立王廷，

敉平他内心希望和恐惧的蛊惑和叛乱，

完全成为他自己本人。

——节选自雪莱的十四行诗《政治的伟大》

在讨论决策疲劳之前，先做一个练习。假设你是名已婚男子，担任着美国东北部某个州的州长。你已经在办公室忙了整整一天，现在（傍晚时分）正在上网放松。你偶然遇到（哦，可能不全是偶然）一个自称"专为卓越人士提供国际社交服务"的网站。它的名字叫皇家贵宾俱乐部。

"我们的目标，"俱乐部解释说，"是让生活更安宁、更平衡、更美丽、更有意义。"本着这个目标，俱乐部展示了一些年轻女子的图片，很多女子都穿着透明内衣，每个女子都有一个星级评价。你只要支付"介绍费"，就可以选一个女子陪你一段时间。现在，你必须做一个决定。以下选项，哪个会让你的生活最"平衡"？

A. 在萨凡纳的陪伴下去博物馆欣赏印象派画作。萨凡纳"从事艺术工作，具有内在美，富有创造力"，1000美元每小时，用现金支付。

B. 与蕾妮共进晚餐。蕾妮是"具有意大利和希腊血统的时装模特""喜欢托斯卡纳葡萄酒、意大利特浓黑咖啡、男子香水清新凉爽的气味"，用匿名汇票支付。

C. 与克里斯汀去宾馆开房共度良宵。克里斯汀，23岁，自诩除了一个拉丁文身外，还有"很多深度、很多层次"，1000美元每小时，用个人银行账户电子转账。

D. 与玛雅共度一整天。玛雅是七星级美女，"样貌无与伦比、出场令人惊艳"，31 000美元，以"私人平衡顾问"的名义把账单寄给州长办公经费账户。

E. 问首席政治顾问哪个女人最适合你。

F. 关掉网页，打开有线卫星公共事务网（C-Span），洗个冷水澡。

不是很难的选择，是吗？那么，为什么艾略特·斯皮策做纽约州州长时这么难做决定？他选择了C（克里斯汀），成为千千万万个因为一个愚蠢得莫名其妙的决定而毁掉自己前途、以精明狡猾著称的政治家和经理人中的一个。在做检察官期间打击召妓的斯皮策，不仅与克里斯汀开房幽会，还用自己的个人账户把钱寄给了皇家贵宾俱乐部。他知道，作为州长，他受到密切监督，他也亲眼目睹过召妓的各种危险。在谋求州长职位的漫长过程中，他营造了具有政治头脑、严于律己、品行端正的名声。为什么他一获得梦寐以求的职位就迷失方向了呢？

是权力歪曲了他的判断，让他觉得自己天下无敌，还是他一直就是个自恋狂？他是潜意识地想毁掉自己的前途吗？在心底，他是否觉得不值得？还是，享受到了权力带来的所有特权后，他就觉得他可以为所欲为？

上述所有答案，对与不对都有可能，我们不想逐个加以分析，也不想对斯皮策进行精神分析。但是，我们可以就他的落马以及其他很多经理人所犯的毁掉家庭和事业的错误提出另外一个原因。当斯皮策召妓，当南卡罗来纳州州长翘班去布宜诺斯艾利斯看女朋友，当比尔·克林顿与白宫实习生鬼混，他们都患了"决策者"职业病——"决策者"是借自乔治·W. 布什总统的说法，他曾经自称"决策者"。决策疲劳问题影响着一切，从CEO（首席执行官）的前途到假释官的裁决。它影响着经理人以及非经理人每天的行为，然而很少有人知道它。研究者问人们，做决策是否会损耗他们的意志力进而让他们更容易受诱惑，大部分人回答说"不会"。他们没有认识到，决策疲劳有助于解释为什么平常通情达理的人会对同事、家人生气，会把钱挥霍在衣服上，会在超市买垃圾食品，会抵制不了汽车推销员的诱惑把轿车更新为防锈型。

首次确认决策者职业病的人，是鲍迈斯特实验室的博士后琼·特温吉（Jean Twenge），她当时一边在做自我控制研究一边在准备婚礼。她查阅了实验室以前的实验记录，比如那个显示抵制巧克力曲奇诱惑如何损耗自制力的实验，其间想起了最近经历的一件十分耗神的事情：登记结婚礼物。登记结婚礼物是个古怪的传统，就是委托婚庆公司帮忙向亲戚朋友索要礼物。人们认为，向别人索要礼物是无礼的（圣诞节除外），不过列出想要的结婚礼物是合理的，因为这个习俗有助于减轻每个人的压力。客人不必耗神购物，新婚夫妇不必担心婚礼结束后收到37个汤碗但没有一把勺子。但是，那并非意味着列出结婚礼物是没有压力的。这一点，在特温吉与未婚夫、婚庆专员决定到底列出哪些物品的那个晚上体现出来。他们想要多华丽的盘子？什么图案呢？刀叉是要银质的还是要不锈钢的？具体要什么样的调料瓶？哪种毛巾？什么颜色？

"最后，"特温吉告诉实验室的同事，"不管你建议我要什么，我都会答应。"她认为，意志力被耗尽的体验，一定就像她那个晚上的感觉。她和其他心理学家不知如何验证这个想法。他们记起来了，附近一家就要倒闭的百货商场正在清仓大甩卖，于是很多商品用实验室预算都买得起。研究者们开车去购物，满载而归——不全是漂亮的结婚礼物，但是足以吸引大学生。

在第一个实验中，研究者把买来的物品堆满了桌子，秀给被试者看，告诉被试者，实验结束后，他们可以从中挑一个带走。然后，研究者让实验组的被试者（决策者）做选择，并且告诉他们选了什么最后就拿走什么。他们做了一系列选择，每次选择都涉及两样物品。是更喜欢钢笔还是蜡烛？香草味的蜡烛，还是杏仁味的蜡烛？一根蜡烛还是一件T恤？黑色T恤还是白色T恤？与此同时，对照组的被试者（非决策者）花同样

长的时间琢磨同样的物品，但不做选择。研究者只让他们对每
个物品评分，还让他们报告自己最近 6 个月对每样物品的使用
频率。之后，所有被试者都做经典的自制力测验：把手放在冰
水里，待的时间越长越好。冰水是不舒服的，人的本能冲动是
把手拿出来，所以把手放在冰水里是需要自制力的。结果，决
策者比非决策者明显更快地放弃。显而易见，做那些选择损
耗了他们的意志力。这一效应在其他决策制定练习中一再地
显现。

在一些实验中，大学生被试者看课程表，为自己选课。在
另外一个为上某门心理学课的学生量身定制的实验中，大学生
被试者就本学期接下来的时间如何上课做出一系列选择：看什
么电影，做多少次测验。做了选择后，一些被试者接着解难
题。实验人员这样对一些被试者说，他们要做一个数学测验，
测验成绩是智商高低的重要指标，花 15 分钟练习，就会提高
成绩。之后，实验人员把被试者留在一个房间做练习。不过，
那个房间除了有练习材料外，还有诱惑被试者分心的杂志和掌
上游戏机。一次又一次，做决策让被试者付出了代价。与花同
样长时间评价同类信息但不做选择的非决策者相比，决策者更
早放弃解难题。他们没把时间用来做练习，而是偷偷看杂志、
打游戏。

为了在现实世界检验自己的理论，研究者走进了伟大的
现代决策场——购物中心。研究者到郊区购物中心采访购物者
当天在商场的体验，然后让购物者解一些简单的算术题。研究

者礼貌地要求购物者解出尽可能多的算术题，但是同时告诉他们随时可以退出。不出所料，已经在商场做过很多决策的购物者，在解算术题时放弃得最早。当你购物购到腿软，你的意志力就会下降。在现实层面上，该实验证明了马拉松式购物的危险。在理论层面上，所有这些实验的结果又引出新的问题：哪些类型的决策最损耗意志力？哪些选择最难？

渡过卢比孔河

心理学家区分两类心智过程：自动的和控制的。自动过程，像计算 $4×7$，不动脑筋就得出结果。如果有人说 $4×7$，那么不管你想不想，你的脑中都可能出现 28——正因为如此，所以才叫自动的。对比之下，计算 $26×30$，则需要开动脑筋经过几步运算得到 780 的结果。复杂的数学运算就像其他逻辑推理一样，是需要意志力的，因为你要遵守一套系统的规则，从一些信息得出另外一些信息。做决策时，你经常要经历这样的步骤，经历一个被心理学家叫作"卢比孔河行动阶段模型"（Rubicon model of action phases）的过程。在西方，"渡过卢比孔河"（crossing the Rubicon）是一句非常流行的习语，意为"破釜沉舟"。这个习语来自恺撒渡过卢比孔河的典故。根据罗马当时的法律，任何将领都不得带领军队越过作为意大利本土与山内高卢分界线的卢比孔河，否则就被视为叛变。因此，领着自己从高卢带来的军团到达卢比孔河岸边后，恺撒就面临一个艰难的决策。在岸边等待的时候，他处于"决策前阶段"（predecisional phase），结合目标，计算每个选项的潜在收益和成本。然后，他停止计算，渡过卢比孔河，进入"决策后阶段"（postdecisional phase）。恺撒对这个阶段的形容要贴切得多："骰子已经掷下。"

整个过程都可能损耗意志力，但是哪个阶段最耗神？意志力主要耗在了决策之前的所有计算上了吗？到了这个时候，特温吉等几位研究者已经被这个持续很长时间的项目搞得筋疲力竭，但是业界一流杂志的评委——他们有权决定研究成果能否发表——想要更多答案。"结项"老手凯瑟琳·沃斯——她知道如何把持久战般的项目带向最终成功——接管了项目，重新做了策划。她设计了一个实验，借用了戴尔电脑的自助销售网站dell.com。在dell.com，购物者可以为自己量身配置电脑，硬件大小、显示器型号等都可以选择。在实验中，被试者做的事情就跟真正的购物者一样（只是最后没有真的买下电脑）。

每个被试者随机分到一个任务。一个任务是，看电脑的某些参数，但不做决定。分到这个任务的被试者，比较各个选项和价格，形成偏好和观点，不做最终选择。这个实验条件模拟的是决策前阶段。另外一个任务是，看写有电脑各参数的单子，根据单子配置电脑。这个实验条件模拟的是决策后阶段。第三个任务是，决定所要电脑的具体参数。分到这个任务的被试者不是简单地考虑各个选项，也不是简单地执行别人的决策，而是必须掷骰子，即做决策——结果表明，这个任务最耗神。每个被试者完成任务后都测了自制力，测评方式是解出尽可能多的难题。真的做了决策的被试者，比其他被试者放弃得更早。渡过卢比孔河，想必是很费脑子的，不管是涉及决定帝国的命运，还是涉及决定计算机硬盘的大小。

但是，如果所面临的选择比考虑是否发动内战甚至比考虑计算机配置更简单、更吸引人呢？假设选择过程让你觉得好玩，那么选择仍然损耗意志力吗？研究者设计了另外一个版本的结婚礼物实验，但是这次的被试者比琼·特温吉要热情得多。事前，他们说他们期盼做选择；事后，他们说做选择的过程让他们很愉快。与此同时，另外一组被试者觉得挑选瓷器、银器和家电的整个过程都特别令人讨厌。

不出所料，选择过程如果让人愉快，就不那么损耗意志力——不过只是在一定程度上。如果选择只有几个，4分钟之内可以完成，那么喜欢做那些选择的人不会损耗任何意志力，而讨厌做那些选择的人不出所料仍然损耗了意志力。但是，如果选择多了，整个过程持续12分钟，那么两组人都损耗了同样的意志力（自制力测验得分与对照组一样低，对照组没有做选择）。显然，少数几个愉快的选择并不那么耗神，但是长期来看，自由选择之类的事情好像是不存在的，至少就为自己做选择来说是如此。

然而，为别人做选择，并非总是那么难。你也许为装修自己的起居室大伤脑筋，但是，为不太重要的熟人做装修决定，你就不觉得那么耗神。研究者向人们提了一系列家庭装修问题，然后测评他们的意志力，结果显示，为不太重要的熟人做决定损耗的意志力远远少于为自己做决定。为某个熟人挑选沙发，你不了解其品位，这会增加挑选难度，但是你不太在意结果，这会抵消挑选难度。毕竟，你不用每天看着沙发。如果你知道渡河的另有其人，那么卢比孔河彼岸看起来就不那么恐怖了。

法官的困境，囚犯的不幸

以色列监狱最近有4个服刑犯人要求假释。聆讯他们案子的假释委员会包括一个法官、一个犯罪学家和一个社会学家，这3个人每隔一段时期花一天时间讨论犯人的上诉。4个犯人的案子有相似之处。每个人都不是首次犯罪，以前都因为其他罪名坐过牢。每个人现在的刑期都服过了2/3，而且每个人释放后都能参加一个改造项目。但是，4个犯人的案子也有不同之处，而且法官只能批准其中两人假释。下面是对4个案子的简介，据此猜猜哪两个人得不到假释、必须留在监狱：

案子1（上午8：50聆讯）：一阿拉伯裔以色列男子，因为欺诈被判有期徒刑30个月。

案子2（下午1：27聆讯）：一犹太裔以色列男子，因为施暴被判有期徒刑 16 个月。

案子 3（下午 3：10 聆讯）：一犹太裔以色列男子，因为施暴被判有期徒刑 16 个月。

案子 4（下午 4：25 聆讯）：一阿拉伯裔以色列男子，因为欺诈被判有期徒刑 30 个月。

法官的决策存在一个模式，但是这个模式是不可能通过看犯人的种族背景、罪名或刑期找出的。在寻找这个模式的过程中，你可以在心里想着关于法律制度本质的一场旷日持久的辩论。一个传统学派把法律制度当作一套需要公平执行的规则：经典形象是蒙着眼睛、手持天平的正义女神。另外一个学派强调对裁决影响更大的是人性弱点而非抽象规则。这些人自称为法律现实主义者，他们把"正义"定义为"法官早餐吃了些什么"。

现在，一个心理学家团队检验了他们的定义。这个团队的领导者是哥伦比亚大学的乔纳森·勒瓦夫（Jonathan Levav）和本-古里安大学的沙伊·丹齐格（Shai Danziger）。他们找到以色列的一所监狱，回顾了 10 个月里各法官轮流主持假释委员会做出的 1000 多个决定。聆讯了犯人的上诉、听取了假释委员会中犯罪专家和社会学家的建议后，法官决定是否批准假释。批准假释，法官就能让犯人及其家人高兴，还能节省纳税人的钱，但是也会让自己担上风险。假释犯人如果再次犯罪（有些犯人肯定会如此），就会对法官造成恶劣影响。如果犯的是特别严重的罪行，吸引了公众的注意，那么法官的名声就全毁了，而且无望恢复。

平均而言，每个法官只批准大约 1/3 的假释上诉，但是正如研究者发现的那样，所有法官的决定都存在一个明显的模式。上午出庭的犯人，获得假释的可能性是 70%。傍晚出庭的犯人，获得假释的可能性不足 10%。因此，概率对案子 1 有利，他是上午 8 点 50 分出庭的，是当天的第二个案子——而且，他确实获得了假释。但是，尽管案子 4 中的犯人因为同样的罪名——欺诈——被判同样的刑期，但是，概率对他不利，他是（另外一天的）下午 4 点 25 分出庭的。像其他大部分在傍晚出庭的犯人一样，他的假释申请被否决了。

不过，上午到下午的变化并不平稳。一天之内还有其他明显模式。上午过了一半的时候，通常是快到 10 点半时，假释委员会会休息一下，法官会吃上一块三明治和一片水果。那会补充他们血液里的葡萄糖。（还记得那个没吃早餐的小孩在上午已过一半时吃了零食突然表现得更好的实验吗？）恰好在休息之前出庭的犯人，只有 15% 的可能性获得假释，这意味着 7 个人中只有 1 个可以离开监狱。对比之下，在法官刚刚吃过三明治和水果时出现的犯人，获得假释的可能性是 67%——3 个人中大约有 2 个可以离开监狱。

午餐前后也出现了同样的模式。中午 12 点半，就要吃午饭时，获得假释的机会只有 10%；在法官刚刚吃完午饭时出庭，获得假释的机会超过 60%。案子 2 中的犯人非常幸运，是法官午餐之后第 1 个出庭的，而且，他确实获得了假释。案子

3 中的犯人，因为同样的罪名——施暴——被判同样的刑期，也在下午出庭，但是要晚一些，在下午 3 点 10 分，是法官午餐之后第 12 个出庭的，遭受了在这个时间段出庭通常会遭受的命运——假释被拒。

审判是很费脑子的工作。随着法官做出一个又一个裁决，他们的大脑和身体用完了葡萄糖——它是意志力强弱的关键，我们前面讨论过。不管他们的个人理念如何——不管他们是主张严惩罪犯，还是怀着怜悯之心，相信犯人是会改造好的，他们的心智资源都变少了，很难继续认真做决定。于是，显而易见，他们就会偏爱风险较小的选择（至少是为了他们自己）。尽管对犯人来说不太公平——为什么就因为法官还没喝上午茶他就必须继续待在监狱？但是这样的偏差并不是孤立现象。它自然而然地发生在各种各样的情境中。意志力与做决策之间的关系是双向的：做决策会损耗你的意志力，你的意志力一旦耗尽了，你做决策的能力就会下降。如果你的工作要求你整天做艰难的决策，那么你总会在某个时间面临耗尽意志力的局面，于是开始想办法保存意志力。你会找借口避免或推迟决策。你会选取最保险最安全的做法，这往往就是保持现状——让犯人继续待在监狱。

否决假释之所以对法官来说是更容易的做法，第二个原因就是它能让法官保留选项：现在把犯人继续关着，日后还是可以选择假释犯人。人们之所以拖延做决定，部分原因是担心放弃选项。做决定，就是选择一个放弃其他；放弃得越多，就越害怕把某个重要选项裁掉了。有些学生在大学里选择两个专业,不是因为他们想证明什么,也不是因为他们计划把两个专业(比方说政治和生物)结合起来,而是因为他们做不到让自己没有选择。选择一个专业,就是对其他专业宣判死刑,有大量研究表明人们很难放弃选项,即使那个选项对他们一点好处都没有。不愿放弃选项这个趋势,在意志力低下的时候尤其明显。做决定要损耗意志力,损耗了意志力后,人们就会想办法推迟或逃避决定。

在一个实验中,研究者让被试者选择自己想买的几件物品(如果他们有想买的)。因自我控制练习损耗了意志力的被试者比其他被试者更有可能逃避做决定,什么都不买。在另外一项研究中,研究者首先让被试者想象自己在一个账户存了 1 万美元闲钱,然后给被试者一个投资机会。这个投资机会,风险一般,回报率一般偏上,是个好机会,因为一般情况下回报率越高风险越大,也就是说,通常情况下,回报率一般偏上的话,风险一般也是偏上。没有损耗意志力的被试者,大都说会投资。对比之下,损耗了意志力的被试者,大都说会把钱继续存着。从理财角度来讲,后者的决定很不明智,因为,相对于投资来说,把钱存着实际上是一种损失,但是,保持现状比做投资决定容易。

这个形式的拖延有助于解释为什么这么多人推迟人生最重大的决定——挑选伴侣。20 世纪中叶,大多数人 20 岁出头就结婚了。之后,随着社会的变化,男人和女人都有了更多选择。更多男人和女人在学校里待更长时间，追求需要经过长期准备的职业。多亏了避孕药的出现和社会价值观的转变，人们现在可以选择享受性但不结婚。随着更多人定居在大城市，择偶范围变广了，担心要放弃的选项变多了。1995年，蒂尔尼为一个专栏做了一个半科学性质的调查，发现在纽约市大量智商高、魅力大的人抱怨说很难找到爱侣。除了夏威夷这个最初收容麻风病人的岛屿外，曼哈顿是美国单身人群比例最高的一个地方。

是什么让纽约人保持单身？蒂尔尼抽样调查了波士顿、巴尔的摩、芝加哥、洛杉矶和纽约几个城市各自城市杂志上的征婚（友）广告。他发现，第一大都市纽约的单身人士，不仅有最多选择，而且最挑剔，对理想伴侣列出了很多要求。《纽约杂志》（*New York Magazine*）指出纽约单身人士的征婚（友）标准平均有5.7个，显著多于位居第二的芝加哥（4.1个），大约是其他3个城市平均值的3倍。比如，纽约一位女士在广告中说："不想安定下来？我也是！"她说自己"欢迎所有纽约男士前来应征"，不过她对"所有"的定义是：英俊，成功，身高在5英尺9英寸（约175厘米）以上，年龄在29~35岁。另外一位纽约女士要求男士身高在6英尺（约183厘米）以上而且会打马球。一个在广告中对"梦中情人"列出了21个要求的律师坦言，她"吃惊地"发现自己没有吸引力。

上述有关征婚（友）广告的调查不过是个非正式研究，但是最近，几个研究团队用更严谨的方法分析了人们挑选伴侣时表现出的特点，得到了类似的结论。他们监控了成千上万个在交友网站或单身派对上寻觅爱情的人。在交友网站上，用户会填写一份很长的个人情况问卷。在理论上，那么详细的档案应该有助于人们找到合适的伴侣，但是实际上，它产生了如此多的信息和如此多的选择，以致人们表现出荒谬的挑剔。芝加哥大学的研究者冈特·希施（Gunter Hitsch）和阿里·霍达斯库（Ali Hortacsu）以及杜克大学的丹·艾瑞里（Dan Ariely）发现，交友网站的用户一般每查看 100 人的档案，只能选出不到一人去约会。在单身派对中寻觅爱情的人就要幸运得多，这种活动一般只限一二十人参加。首先，每位男士与每位女士互谈几分钟。然后，所有人递交卡片表明自己想再次见到哪个人。最后，互有好感的人配起对儿来。一般而言，参加这种活动的人，最多遇到 10 个人就能找到一个配起来。有些研究发现，这个比例是 10 个当中有 2~3 个。选择较少、时间有限，参加派对的人就会迅速挑选。艾瑞里说，对比之下，通过网站交友的人，因为有很多选择，所以只是不断地浏览。

"当你有很多要求要考虑、有很多人可挑选，你就开始追求完美，"他说，"你不会将就一个身高或者年龄或者宗教或者其他什么方面不够理想的人。"艾瑞里进一步研究了这个不愿放弃选项的倾向，采取的方式就是，观察打电脑游戏的人。被试者在电脑游戏中打开房间找到藏在房间里的奖品，就能获得真正的现金。最佳策略是，在电脑屏幕上把三扇门每扇都开一次，找到奖励最大的那个，然后一直待在那个房间。但是，那个策略，被试者即使学会了也很难采用，因为游戏还有一条规则：不管哪个房间，如果一段时间没人，它的门就开始萎缩、最终消失，永久地关闭。这一规则让被试者烦恼，结果，他们不断跳回房间让房间的门保持开着，即使这样做会减少他们的总收入。

"人们把关闭一个选项的门视为损失，愿意为避免感觉受到损失而付出代价。"艾瑞里说。有时，那样做是明智的，但是十有八九，我们会因为太过渴望保留选择权而忽视了长远代价——或者看不到其他人为之付出的代价。当你不愿将就选一个不够完美的伴侣，你最后就会一个也选不到。当父母在办公室总是无法说"不"，孩子在家里就要遭殃。当法官实在不愿做艰难的假释决定，他实际就是在关闭囚犯的牢门。

偷懒的选择

是人，就避免不了折中。在动物王国，你不会看到猎手与猎物之间有很多拖拉的谈判。折中是类特别高级、特别困难的决策——所以，折中能力是意志力耗尽之后第一个衰退的能力，特别是在我们购物的时候。

购物者不断在质量和价格之间折中，而质量和价格并非总是同时同向改变同样比例。经常，价格上涨得比质量快。100美元一瓶的葡萄酒通常比 20 美元一瓶的葡萄酒好，但是前者有后者的 5 倍好吗？ 1000 美元一晚的宾馆房间是 200 美元一晚的宾馆房间的 5 倍好吗？不存在客观的正确答案，而是完全取决于你的品位和预算，但是 100 美元一瓶的葡萄酒和 1000美元一晚的宾馆房间是相对稀缺的，这说明大多数人觉得多花的钱是不值得的。超过某个临界点，价格的提高对不起质量的增加。选择那个临界点，就是做了最佳决策。但是，临界点是很难算出来的。

意志力低的时候，你做这些权衡的能力就会下降。你变成了研究者所说的"认知吝啬鬼"（cognitive miser）。为了保存能量，避免折中，你很有可能只看一个维度，比方说价格，"给我最便宜的就是"。或者，你放纵自己只看质量——"我想要最好的"（如果是别人付钱，那么你特别容易使用这个策略）。

因为决策疲劳，我们容易败给那些懂得选择销售时机的营销人，正如哥伦比亚大学心理学家乔纳森·勒瓦夫表明的那样。他做了一系列实验，这些实验要么涉及定做西装，要么涉及购买新车。像琼·特温吉一样，实验灵感也是在准备婚礼期间偶然出现的。在未婚妻的建议下，勒瓦夫找到一个裁缝定做西服，开始选择面料、衬里、纽扣等。

"看到第三堆面料样板时，我都想自杀，"勒瓦夫回忆说，"我再也区分不出各种面料的差异。不久之后，我对裁缝唯一的反应就是：'你有什么建议？'我无法忍受了。"

勒瓦夫最后一套西装也没做（2000 美元的标价最终让他轻易做出这一决定），不过他在这次经历的基础上做了几个实验，与他一起做这个实验的还有德国基尔大学的马克·海特满（Mark Heitmann）、瑞士圣加伦大学的安德烈亚斯·赫尔曼（Andreas Hermann）和美国哥伦比亚大学的希娜·艾扬格（Sheena Iyengar）。在一个实验中，他们让瑞士的工商管理硕士生选择定制什么样的西服；另外一项研究，是在德国汽车经销商那里仔细观察选购新轿车的顾客。顾客（这些是真正的顾客，花的是自己的钱）必须在4款变速杆把手、13种轮胎及钢圈、25组发动机及变速箱、56个车内颜色中选择。

顾客刚开始挑选时，在不同维度上仔细权衡，但是决策疲劳后，他们就会将就默认值。刚开始遇到的选择越难，如从56个颜色中选择一个作为车内颜色，决策疲劳就会越快到来。研究者在操纵选择的呈现顺序后发现，购车者最终会将就不同种类的选项，所选汽车的总差价大概是1500欧元（当时大约相当于2000美元）。顾客是否愿意为精致的轮胎钢圈多花一点钱或者为大功率发动机多花很多钱，取决于你什么时候让顾客选择轮胎钢圈或者发动机（是早还是晚）以及顾客还剩下多少意志力。定制西服实验发现了类似的结果：决策疲劳一出现，人们就容易接受推荐值。与先让他们做比较简单的决定相比，如果先让他们做最难的决定——选项最多的决定，像100种西服面料——他们会更快地疲劳，还会报告说购物体验较不愉快。

有时，购物者被一连串决策弄得太过疲劳，导致商家事与愿违，正如有人在硅谷某高档日用品商店做的一项经典研究表明的那样。如果日用品商店摆出 24 种果酱，大部分购物者就会看得眼花缭乱，不知道如何选择，但是，如果摆出的果酱减少到 12 种，人们购买果酱的可能性就会增加 10 倍。但是，精明的营销人也知道如何利用这种决策疲劳，你在超市里就可以看到他们的策略。在数千种食品和用品中挑选了自己想要的东西损耗了意志力之后，你排队付款时什么东西对你最有诱惑力？八卦小报和巧克力糖。正因为如此，它们才被称为"冲动购物"。当你控制冲动的能力最差时，巧克力就出现了，这绝非偶然——这时，你决策疲劳的大脑极其渴望迅速补充葡萄糖。

选择你的奖品

假设，为了奖励你读完本章，我们给两张支票让你选择。一张是 100 美元，明天可兑现，另外一张是 150 美元，一个月后可兑现。你会选择哪一张？

选择现在的小钱还是将来的大钱，是经济学家测验自我控制的经典方式。一般而言，你几乎不可能通过投资一个月净赚50%（至少，通过合法途径是不可能的）。除非你遇到罕见机会能让本钱一个月翻一番，或者你特别需要钱又没有其他来源，那么你最好拒绝那个明天就可兑现的 100 美元，等一个月得到150 美元。因此，一般而言，支票问题的正确答案是，选择金额较大但兑现较晚的那张。能够为了长期回报抵制短期诱惑，不仅是致富的秘诀，而且是文明本身的秘诀。没有立即把谷物煮了吃掉而是把谷物种在地里的首批农民，一定有着超常的意志力。

那么，为什么他们的后代，营养条件更好，却宁愿要现在的 100 美元也不愿要一个月后的 150 美元，就像实验中很多人所做的那样？一个原因就是，前面的太多决定或者其他耗神的事情损耗了他们的意志力。迅速补充葡萄糖，可以减轻这种短视，正如研究者所做的那样：在问被试者是要现在就可兑现的小额回报还是要将来才能兑现的大额回报之前，给被试者喝一种软饮料。

另外一个原因，由麦克马斯特大学的马戈·威尔逊（Margo Wilson）和马丁·戴利（Martin Daly）的一项研究揭示了出来。这些进化心理学家首先让被试者在明天兑现的小额支票与日后兑现的大额支票之间做选择，然后让被试者评价人和车的图片（表面说，这种评价是为了测评被试者的偏好）。人的图片来自 hotornot.com，把自己的照片上传至这个网站，就可以从网民评分（0~10 分）中知道自己到底有多大吸引力。研究者让一些被试者看一些已经被网友评价为非常惹火（9 分以上）的异性图片，让另外一些被试者看一些已经被网友评价为不惹火（5 分左右）的异性图片。研究者还让一组被试者看靓车图片，让一组被试者看破车图片。

然后，研究者再次让每个被试者在明天兑现的小额支票与日后兑现的大额支票之间做选择。最后，研究者比较两次的答案，看看评价图片是否改变了被试者对奖励的偏好。汽车图片对男性被试者没有影响，对女性被试者有轻微影响：看过靓车图片的人，选择即时奖励的可能性增大了一点点。有人也许推测说，看了拉风的跑车，女性被试者就变得更渴望即时满足。不过，变化太小，研究者无法从中得出任何结论。看男子图片的女性被试者，受到的影响更小。不管所看男子惹不惹火，看了图片之后，她们的选择并没有变化。看了不惹火女子图片的男性被试者，选择也没有变化。

但是，有一组人的选择发生了显著变化：看了惹火女子图片的男性被试者，变得更有可能选择即时奖励而不是日后获得更大回报。显而易见，看到惹火女子，男人就想立即得到现金。他们的焦点放在了现在而不是未来。这个效应，也许可以从心理和进化角度加以解释。现代DNA研究揭示，世上存活过的男性大都没有生育过，而世上存活过的女性大都生育过。因此，今天男性的大脑似乎准备好了迅速回应任何提高生育概率的机会。其他研究证明，看到有吸引力的女子，男子大脑的伏隔核就会被激活，而与伏隔核相连的脑区，能被现金和甜食之类的奖励激活。过去，看到有吸引力的女性就迅速展示自己的资源，这个策略也许具有进化优势；今天，这个策略也许有时仍然有用，特别是如果你认为有了靓车后女人看你的眼光就会有所不同。显然，高档车等商品的营销人就使用了这一策略。广告人早就发现了，有漂亮女人在身边，男人更有可能花大价钱购买奢侈品，好向她炫耀。

但是，现在这种短视思维一般并不是生存的好策略，也不是吸引看重财力的伴侣的好策略。正如麦当娜在《拜金女郎》中唱的那样："只有那些攒钱给我花的男孩才是我的最爱。"所以，如果你是一位要做某个重大理财决策的男人，那么试着把注意力放在数据而非女人上；如果你是一位注重形象的经理人，做了一整天的决策，已经损耗了意志力，那么你绝对不该在看过皇家贵宾俱乐部上的图片后为晚上或者明天、下个月甚至更遥远的将来制订任何计划。

第 5 章

钱花到哪儿了？ QS 知道

我从没有见过哪个因太闲而不理事、不理财但没遇到任何麻烦的人，那种经常入不敷出的人，最后很少不走歪路，但愿你不会有这种命运。

——查尔斯·达尔文，寄支票给儿子还债所附书信中的一句话

人们就是不想无奈之下做会计。

——阿隆·帕泽尔（Aaron Patzer），Mint.com 的创始人

不久前，一个败家子因为信用卡债务向斯坦福一群自称神经经济学家的研究者求助。这群研究者的工作，就是把功能性核磁共振成像机的头盔套在人们脑袋上，观察人们在购物过程中的大脑活动——至少是近似那样的事情。研究者观测了人们在考虑花钱购买小配件、书和各种小玩意儿的过程中大脑脑岛的活动。当你看到或者听到令你不愉快的事情，这个脑区一般就会变亮，比方说，研究中的吝啬鬼看到物品的价格，这个脑区就亮了。但是，典型的败家子购买同样的物品时，他的脑岛就没有显示同样的厌恶信号——即使在大脑考虑要不要花很大一笔辛辛苦苦赚来的钱买颜色可变的"心情钟"（mood clock）时。

在这个特别懊悔的败家子的要求下，研究者又做了一个独立的实验，为改掉乱花钱的毛病找到了一点希望。坦诚起见，我们应该指出，这个败家子就是在向鲍迈斯特学习自我控制之前的蒂尔尼。不出所料，核磁共振成像测验表明，在他准备花钱买他不需要的东西时，他的脑岛完全无动于衷，这证实了他的败家子倾向。他们在蒂尔尼面前快速展示他最近的信用卡账单时得到了反应！终于有些厌恶迹象了：研究者报告说，当他看到待付款的 2178.23 美元的账单时，他的"脑岛有微弱的活动"。显而易见，在钱的问题上，他并没有完全脑死亡。

这个发现令人欣慰，但是怎么利用这个发现呢？显而易见，一个败家子不可能在购物时让斯坦福研究者在他面前晃动他的信用卡账单吧，那么他要如何强迫自己考虑花钱的后果呢？显而易见的解决方案是，设置预算，监控花费，就像查尔斯·达尔文建议他的败家儿子做的那样。但是，这一点说来容易做来难，直到阿隆·帕泽尔出现。

帕泽尔就是达尔文想要的那种儿子——一丝不苟的记账员，十几岁就能保持收支平衡，成年后每个星期天都着魔似的用理财管理软件Quicken整理自己所有的花费。但是，在为硅谷一家新成立的软件公司工作期间，他停止了记账；重新开始记账时，他发现待整理的交易达到了数百项。他认识到，必须找到更好的理财办法。为什么电脑不能为他做这份工作？为什么他不能把这份工作外包出去？这种枯燥乏味的工作不是专门给电脑来做的吗？结果，他创办了一家公司——Mint.com。这家公司做得非常成功，不到两年时间就以 1.7 亿美元的价格卖给了Quicken的制造商——财捷公司（Intuit）。

Mint.com的电脑现在正帮近 600 万人记账，堪称史上规模最大的行为监控——自我控制的第二大步。它也是人工智能史上比较鼓舞人心的一个发展。像其他提供电子监控服务（监控生活其他方面，比如体重、运动量、睡眠质量）的公司一样，Mint.com 在用电脑做一项非常人本主义的事业。自《弗兰肯斯坦》[1]以来，科幻作家就开始担心，人工智能会意识到自己的力量进而与创造它的人类作对。政治作家则担心，广泛的电脑监控会带来不良后果——老大哥（Big Brother）在看着你呢！[2]但是，尽管电脑变得越来越聪明，尽管有越来越多的电脑在看着我们，但是它们并没有形成自我意识（至少现在还没有），也没有从我们身上攫取力量。相反，它们在通过提高我们的自我意识来增强我们的力量。

自我意识这个特质，很少在动物身上见到。狗狗们会冲着镜子狂吠，因为它们意识不到它们看到的实际上是自己。几乎所有其他动物在"镜子测验"中都认不出自己。这个测验有一套正式的步骤：首先在动物身上涂个无味色斑，然后把动物放在镜子前，让动物审视这个奇怪的色斑，看动物是想直接触摸镜子中的色斑，还是用某种方式表明它意识到了这个色斑其实在它自己身上（比如，转个身，以更好地看到色斑）。黑猩猩

① 英国诗人雪莱的妻子玛丽·雪莱在 1818 年创作的小说，被认为是世界上第一部真正意义上的科幻小说。——译者注

② 语出乔治·奥威尔著名小说《1984》中的一句话："老大哥在看着你呢。"在《1984》中，奥威尔描写了一个随处可见可感的"老大哥看着你"的社会。老大哥在书中象征着极权统治下对公民无处不在的监控。——译者注

等猿类能通过这个测验，海豚、大象以及少数其他动物也能，但是大多数动物都不能。如果它们想触摸色斑，就会去够镜子中的动物，而不是自己。婴儿也不能通过这个测验，但是两岁的孩子大都能通过。这些两岁孩子，即使没有注意到身上涂了色斑，一看到镜子中的形象也会去够自己的前额，往往还伴有吃惊反应。那只是自我意识的开始阶段。不久之后，这个特质会变成祸根。童年时期的天然自信到青少年时期几乎消失殆尽，因为青少年对自己的不完美特别敏感，感到尴尬、羞耻。他们看着镜子，问心理学家研究了几十年的问题：为什么？如果自我意识让人觉得痛苦，那么自我意识有什么用呢？

我有自我意识，因此我……

20 世纪 70 年代，社会心理学家开始明白为什么人类发展出自我意识。这方面的研究先驱是罗伯特·维克隆德（Robert Wicklund）和谢利·杜瓦尔（Shelley Duval），他们的研究最初遭到了同事的嘲笑，因为同事认为那些研究非常古怪而且未必科学。但是，他们得到的最终结果非常有趣、不容忽视。把被试者置于镜子前，或者告诉被试者有录像机在记录其行为，被试者就会改变行为：执行实验室任务，执行得更努力；回答问卷，给出的答案更有效（意思是，给出的答案更符合自己的实际情况）；行动前后更一致，且更符合自己的价值观。

一个模式凸显了出来。注意到桌子，一个人除了"哦，有张桌子"之外不再想其他。但是，注意到自己，一个人就很少会这么中性地想。人们每次注意到自己，似乎都会拿看到的与想要的做比较。照镜子时，一个人通常不会在想到"哦，那是我"之后就完了，他还有可能想"我的头发真乱"，或者想"这件T恤穿在我身上真好看"，或者想"我应该记得站直"，或者不可避免地想"我胖了吗"。自我意识似乎总是涉及把"我实际的样子"与"我也许、可能或应该的样子"做比较。

那两个心理学家把"我也许、可能或应该的样子"叫作"标准"。自我意识涉及拿自我与标准做比较。最初，心理学家总是假定标准通常是理想，也就是完美的样子。于是，他们得出结论说，自我意识几乎总是不愉快的，因为自我永远达不到完美。有好几年，维克隆德和杜瓦尔也持有那个观点，认为自我意识天生就是不愉快的。那个观点在某些方面似乎是有道理的——特别是当你想理解青少年焦虑的时候。但是从进化角度来看这个观点就有些奇怪，为什么我们的祖先老拿自己与达不到的标准做比较呢？感觉不好有什么进化优势呢？此外，自我意识天生就是不愉快的观点并不符合一个事实：很多非青少年在想到自己或照镜子时是愉快的。进一步的研究表明，拿自己与"一般人"比较，人们就会让自己感觉良好——我们都喜欢认为，一般人不如我们自己。拿现在的自己与过去的自己相比，我们往往也能获得快乐，因为我们倾向于认为，随着年龄的增长，我们在进步（即使我们的身体也许在衰老）。

即使人们大多拿自己与低标准比较以让自己感觉良好，那仍然解释不了为什么人类进化出了自我意识。大自然其实并不在乎你是不是感觉良好，大自然只是挑选那些有利于生存繁殖的特质。自我意识对生存繁殖有什么好处？最佳答案是心理学家查尔斯·卡弗（Charles Carver）和迈克尔·沙伊尔（Michael Scheier）提供的，他们认为，自我意识之所以进化出来，是因为它有助于自我调节。他们做了实验，让被试者坐在桌子旁边，桌子上面恰好有面镜子。镜子似乎是足够小的物件——小到微不足道——然而它让人们的各种行为发生了很大变化。如果能在镜中看到自己，人们就更有可能遵循自己内在的价值观，而不是遵照别人的命令。当实验人员要求被试者对他人实施电击，面对镜子的被试者与不面对镜子的被试者相比，前者更克制、攻击性更低。镜子还让被试者更努力地执行任务。当有人威吓被试者改变对某样事物的看法，面对镜子的被试者与不面对镜子的被试者相比，前者更可能抵制威吓、坚持自己的观点。

一位心理学家利用万圣节做了一个实验。碰到上门索要糖果的小孩，他就问他们的名字，并把他们领到一个空房间，让他们拿一块糖果——只拿一块。空房间的桌子上摆着几碗好吃的糖果，孩子可以违反他的要求而不受任何惩罚。空房间里还有一面镜子，当镜子反着放的时候（也就是照不到的时候），大多数孩子都拿了不止一块。当镜子正着放的时候（也就是能照到的时候），能够抵制诱惑只拿一块的孩子多了很多。即使镜子照出的是他们穿着化妆服的样子，他们也有足够的自我意识来做正确的事情。

涉及成年人和酒精的实验也发现了自我意识与自我控制之间的联系。研究者发现，喝酒的一个主要后果就是自我监控能力降低。随着自我意识的降低，饮酒者会失去自制力，所以他们更容易打架、抽烟、暴食、滥交，第二天带着更多悔意醒来。面对宿醉时最难的部分就是自我意识的恢复，因为那个时候，我们就要继续执行作为社会动物的一个关键任务：拿我们的行为与我们自己以及周围人设置的标准比较。

监控并非仅仅意味着了解实际情况，而且意味着了解实际情况与理想情况存在多少差距。我们的祖先是群居的，他们所在的群体奖励那些遵守共同价值观、规矩和典范的成员。因此，能够根据那些标准调整自己行为的人与不知道自己在社交场合犯了错误的人相比，前者过得更好。根据标准调整行为是需要意志力的，但是，没有自我意识的意志力，就像盲人指挥的大炮一样，是没有用的。正因为如此，我们那些生活在热带草原上的远古祖先才进化出了自我意识；也正因为如此，在更险恶的现代社会环境中，自我意识这个固有特质一直在发展着。

量化自我

安东尼·特罗洛普（Anthony Trollope）认为，一天写作

3 小时以上不仅没必要，而且不明智。他在英国邮政（British Post Office）一直做着全职工作，同时成了史上最伟大、最多产的小说家之一。他习惯 5 点 30 分起床，花半个小时阅读前一天写的东西以进入最佳写作状态，然后用接下来的两个半小时写作（旁边放着一块表），强迫自己每 15 分钟写出一页（大约 250 个单词）。为了确保进度，他数自己写了多少个单词。"我发现，我的表每走 15 分钟，我一般就能写出 250 个单词。"他报告说。按照这个速度，他可以在早餐之前写出 2500 个单词。他并没指望每天都这样做，因为有时要处理公务，有时要外出打猎，但是他努力做到每周都实现目标。他写每部小说，都事先排出进度表（一般计划每周写 10 000 个单词），然后每天写日志。

"我每天都记下自己写了多少页，这样，如果哪一两天我没有写，那么那一两天的日志就是空白的。这些空白就像一双双眼睛盯着我，督促我多加把劲儿，补上落下的任务。"他解释说，"日志就摆在我面前，如果哪一周页数不够，那么它就在我的眼里放了一粒沙子；如果哪个月页数不够，那么它就在我的心中插了一把剑。"

眼中的沙子——这么生动地总结监控效果的话，在心理学文献中就找不到。特罗洛普是一个具有超前意识的社会科学家。但是，有人在他死后出版了他的自传，披露了他的这一工作方法后，他在文学界的名望毁了很长一段时间。批评家以及作家同人——特别是那些很难在最后期限之前完成任务的同人对他的方法大感惊讶。艺术家怎能看着钟表工作呢？灵感怎能被精确地安排与监控呢？不过特罗洛普在自传中预料到了他们的批评。

"有人告诉我，这样的方法，有天赋的人会不屑一顾，"他写道，"我从没幻想自己是个有天赋的人，即使我幻想过，我可能也会让自己接受这些约束。没有什么东西一定像不可违反的规矩那样强大有效。我定的这套规矩，有滴水穿石的力量。每天做一点儿，如果真能一天天坚持下去的话，那么再大的山也能移走。"特罗洛普是超常的，很少有人能每小时写出 1000 个好词；虽说偶尔慢一点，他却总能保证总体进度。在设法过上优质生活的同时他写出了像《巴赛特寺院》（*Barchester Towers*）和《红尘浮生录》（*The Way We Live Now*）这样的杰作。其他小说家经常为钱发愁，经常拼命赶稿，特罗洛普却比较富足，总是提前交稿。连载一部小说的时候，他通常至少还有一部（一般还有两三部）已经完成的小说在等待出版。

"在整个写作生涯中，我从来没有一次觉得自己就要拖延任务，"他写道，"我从不担心编辑催稿。我都是提前——提前很多就把要交的稿子准备好了，就放在我旁边的抽屉里。那本日志，上面标有日期、画有空格，记录着每天、每周完成的任务，摆在面前，让我看见，监督我写作。"

特罗洛普的表和日志，就是 19 世纪最先进的监控工具，而且对他的目的来说足够有效。但是，假设他的大部分工作不是要求他在纸上写出来，而是要求他连接互联网；假设典型的一天，他必须在文字处理程序之外使用其他 16 个不同程序，而且访问 40 个不同网站；再假设一天从早到晚，他每过 5.2 分钟就被一个即时消息打断；那么他的表对他有多少好处呢？他的日记可以跟踪他的所有工作吗？

他需要一个新工具，一个像RescueTime那样的东西，这个程序跟踪客户的电脑使用情况，精确到秒。用户支付费用，就能得到一份报告，从而知道自己将时间用来做了什么——看了报告后，他们往往沮丧不已。此外，这个程序还收集成千上万用户的电脑使用情况统计数据，求出平均值。RescueTime的创始人托尼·赖特（Tony Wright）吃惊地发现，他一天有三分之一的时间花在了"东瞄瞄西看看"上——访问与他的主要工作不相关的网站。一般每次只访问几分钟，但是加起来一天就有两个半小时。

在某些人看来，这种监控过于严格而显得没人性。智能手机等装置越来越流行，意味着人们相互联系的时间越来越多，而且意味着人们越来越多地利用相互联系来监控自己的行为：吃了什么，走了多远，跑了多久，损耗了多少卡路里，脉搏有何变化，睡眠质量有多好，大脑转得有多快，心情有何变化，多久过一次性生活，花销受什么因素影响，多久给父母打一次电话，耽搁了多长时间。

2008 年，凯文·凯利（Kevin Kelly）和加里·沃尔夫（Gary Wolf）创办了一个名叫量化自我（Quantified Self，简称QS）的网站，为用户提供自我调节技术。QS运动还很小、很稀奇时，就已经在硅谷传开了，而且世界各地的很多城市都有QS信徒

（在现实世界中）聚在一起讨论小工具、分享数据、鼓励彼此。

以远见卓识著称的互联网大师兼投资家埃丝特·戴森认为，QS运动既是明智的财务投资又是有益的公共政策：一个革命性的新行业，其繁荣将依靠销售对个人有益的东西。你不用付钱给医生和医院来修复你的身体，而是可以通过监控你自己来避免疾病；你不用被营销人员牵着鼻子走吃快餐食品、享受即时快乐，而是可以自己安排自己的生活，让身边充满提倡健康和责任的信息。"迄今为止，营销人员真的擅长推销东西给我们、摧毁我们的意志力，"戴森说，"我们需要应用那些技术来增强意志力。"

戴森本人一直非常自律——几十年来，她一直坚持每天游泳一小时，不过她发现，现在使用FitBit夹子、Bodymedia臂带、Zeo"睡眠教练"头带之类新型电子感应器，她更容易监控自己了。这些感应器监控她的动作、皮肤温度和湿度以及脑电波，然后精确地向她报告她白天损耗了多少能量、晚上睡了几个小时好觉。

"QS改变了我的边缘行为，"她说，"我多走楼梯少乘电梯了，因为我知道多走几步路对身体有好处。晚上参加派对，我会告诉自己，如果现在离开，我就可以在9点半而非10点半上床睡觉，我就可以睡更多时间，次日早晨我的睡眠数字就会好看点。在很多方面，它把我解放出来去做正确的事情，因为我可以拿数字做挡箭牌。"

多亏了Mint.com之类的公司，人们比以往任何时候都容易遵照查尔斯·达尔文的建议记账，但是这些新工具做的远远不只监控这一枯燥乏味的工作。监控是第一步，但是只有监控未必就够了。托马斯·杰斐逊惊讶地发现自己有强迫行为，即不由自主记下每一分钱是怎么挣的、怎么花的——即使在 1776 年 7 月 4 日他革命性的《人权宣言》定案并被采纳的那一天，他也做到了在备忘录中记下他买一只温度计、几双手套花去了多少钱。任总统期间，他在筹划购买路易斯安那州的同时还在记录白宫在黄油和鸡蛋上的花费。然而，他并没整理明细，等他意识到，为时已晚。最后算总账的时候，他吃惊地发现自己背上了沉重的债务。记账让他有一种错觉，即误以为财务状况在他的控制之下，但是，只记账是不够的。他需要 Mint 的电脑提供的那种分析。

只要你让 Mint 看你的银行和信用卡交易情况，它就会想办法把交易分类，画出图表显示你的钱花到哪儿了，还能显示你是否入不敷出。除了给出每周总结外，它还会在你的账户余额较低时给你发邮件和短信。它会在你用餐花费过高时提醒你，会在你买衣服超过预算时提醒你。除了让败家子大脑生出一些内疚感，Mint 还奖励你的好行为。你可以设置多种多样的短期目标和长期目标，比如度假、买房、存养老钱，然后得到进展报告。

"Mint 会帮助你制定目标和进度表，然后监控你的花费，"帕泽尔说，"它会说，如果你每个月少花 100 美元用餐，你就可以提早 1.3 年退休，或者提早 12 天买下宝马。这些目标，你不会每天都想。你想要部iPad，你想要那种咖啡，你想与朋友出去玩。Mint会把你短期行为对你长期目标的影响量化出来，这样你就有机会以一种真正能改变自己行为的方式做预算。"

然而，现在还没人确切知道Mint能产生多少效果，因为它是商务运营，不是受控制的实验。但是，我们让克里斯托弗·莱什纳（Christopher Lesner）负责的Mint研究部看看人们在加入Mint前后花钱习惯有何变化后，他们发现了一些鼓舞人心的迹象。我们很难把Mint的影响与2008~2010年社会大背景变化的影响分开：2008年金融危机后，经济缓慢复苏，每个人的花费都增加了。然而，从匿名用户的20亿次交易中抽样得到的数据仍然清晰地表明，监控确实有益。大部分（80%）加入Mint监控交易的人，花费的增加趋缓。如果利用Mint提供的信息制定了目标和预算，那么他们花费的增加会进一步趋缓。最大的效果是，人们减少了花在日用品、吃饭和信用卡财务费上的钱——在这些方面削减花费是非常明智的。

有些人看到自己的总花费后非常害怕，于是发誓采取行动立即改变，但是Mint创始人建议渐渐改变。"削减得太多太快，你就坚持不下来，你会恨你自己，"帕泽尔说，"如果你每月花500美元用餐，然后突然把预算调到200美元，那么你最后会说：算了吧！太难了。但是，如果你把预算降到450美元或者400美元，那么你可以不用从根本上改变生活方式就实现目标。然后，下个月你可以进一步减少50美元或者100美元。保持每月改变20%，直到事态恢复控制。"

并不那么讨厌的比较

　　一旦走出自我控制的头两步，设置目标、监控行为，你就面临一个永恒问题：是应该关注已经走了多远，还是关注剩下多远要走？没有适合一切情况的简单答案，但是两者确实是不同的，就像芝加哥大学的阿耶莱·菲施巴赫（Ayelet Fishbach）用实验证明的那样。她与一位韩国同事丘敏君（Minjung Koo）合作，让一家韩国广告公司的员工描述自己在公司正任着什么职位、做着什么项目。然后，他们把那些员工随机分为两组，让一组员工反思自己自加入广告公司以来在当前职位上取得了什么成绩，让另外一组员工反思自己在当前职位上计划取得但尚未取得什么成绩。反思自己已经取得什么成绩的人与反思自己计划但尚未取得什么成绩的人相比，前者对当前任务和项目的满意度更高。不过，后者有更强的动机去实现目标并继续承接更具挑战性的新项目。关注已有成绩的人，似乎不渴望继续执行更艰难、更具挑战性的任务。他们对自己当前所处的位置和所做的事情相当满意。显而易见，想满意，就要关注走过的道路；想激发上进心，就要关注前方的道路。

　　不管怎样，拿自己与别人比较，你又可以获得一些好处，而且，因为丰富的网络数据，现在这种比较比以往任何时候都容易做到。Mint会告诉你，与周围人或者与一般国人相比，你花在房租、吃饭和服装上的钱是高是低。RescueTime会告诉你，与一般用户相比，你的生产率（或者漫无目的地上网所占时间百分比）是高是低。Flotrack 和 Nikeplus 等网站，让跑步者与朋友和队友分享跑步距离和跑步时间方面的数据。你可以用一些小工具或者智能手机应用程序把自己的能量使用情况与邻居做比较——比较确实有效果，正如加利福尼亚一个用户研究表明的那样。收到列有自家用电量以及邻居平均用电量的单子后，用电量偏高的家庭就会迅速想法降低用电量。

把自己的数据公开分享给别人，这种比较会更有效。在为写这本书做调查的时候，我们听到过很多有关人们监控自己而获益的故事，像用计步器记录自己每天走了多少步。对步行最热情的人，是那些每天与少数几个朋友分享计步器数据的人。他们在应用鲍迈斯特很早（早在他开始研究自我控制之前）就在实验中发现的一条心理学原理：公共信息比私人信息更有影响力。相对于自己对自己的了解，人们更在意别人对自己的了解。如果只有你一个人知道你失败了、失误了或失控了，那么这次失败、失误或失控就很容易粉饰过去。你可以把它合理化，或者就是无视它。但是，如果其他人知道了，你就很难这样做。毕竟，你找的借口，别人也许不会买账，即使你自己觉得这些借口非常好。如果这个别人不是一个人，而是整个社交网络，那么你就更难推销你的借口。

如果公开，你就不仅让自己有丢脸的可能性，而且把监控工作外包了，而外包可以减轻你自己的负担。有时候，你进步了，自己没有意识到，而别人会指出来，这会起到鼓励你的作用。事情失控时，最佳对策可能是向他人求助。有个流行的

QS 应用程序 Moodscope，是一位与抑郁做斗争的企业家开发出来帮助自己监控病情的。Moodscope 能让他每天迅速监控他的心情。除了利用 Moodscope 记录自己的情绪波动情况以寻找情绪波动的模式和原因外，他还设置了一个选项：是否把结果用邮件自动发送给朋友。那样的话，当他情绪低落时，他的朋友看到数据后就会联系他。

"电子工具和数据只是人们监控自己、监控彼此的催化剂，" 戴森说，"你会找到最适合你的型号。你与朋友比较数字，也许是因为你不想在朋友面前丢脸，或者是因为你不想让团队失望——不同的人有不同的动机。"

如果你是败家子，那么为了更好地控制自己，你可以让一个守财奴朋友监控你，在你打算疯狂购物时警告你。如果你们俩一起研究你的花销模式，你就可以明白你疯狂购物的原因。你是否在心情好、意志力薄弱时冲动购物？还是那种强迫购物者，即在觉得抑郁或没有安全感时购物？如果是后者，你就遭遇了心理学家所说的"误调节"（misregulation）——错误地以为买东西会让心情变好，买了之后却发现心情变得更糟了。

即使你不是败家子，记账和比较也能让你受益。你也许会发现你是个极品守财奴——这不是最糟糕的问题，但仍然是个问题，而且这个问题的普遍程度令人惊讶。行为经济学家发现，神经质吝啬也许比神经质挥霍更普遍，5 个人中大概就有 1 个是神经质吝啬。脑扫描找出了神经质吝啬的罪魁祸首：脑岛过度活跃，一想到要把钱拿出去，它就会发出恐惧信号。

研究者把脑岛过度活跃造成的症状叫作远视（hype-ropia）——与短视（myopia）相反，是太关注未来，牺牲了现在所致。这样的吝啬可能会浪费时间、疏远朋友、让家人生气、让自己痛苦。研究表明，守财奴并不比败家子快乐，而且守财奴在回顾自己因节省而错过的所有机会时会十分懊悔。谁都不想最后算总账（不仅盘点资产而且盘点人生）时记起那句古老的谚语："寿衣没有口袋"。量化自我，涉及的远远不只是钱。

第 6 章

意志力可以培养吗？

身体受苦越多，精神成长越壮。

——高柱修士圣西米恩（Saint Simeon Stylites），
叙利亚隐修士，30 岁左右创立一种奇特的苦修方式，即在叙利亚沙漠
建造了一高柱，居其顶端思念上帝，历时约 30 年，因此被称为"高柱修士"。

我们想从科学角度解释大卫·布莱恩。

我们的意思不是解释为什么布莱恩为其所为。那是不可能解释的，至少心理学家解释不了，可能精神病学家也解释不了。布莱恩没做他的那些著名魔术时，就在做他自称的忍术表演——涉及意志力而非错觉的特技。在纽约的布莱恩特公园，他不配安全吊带在一个只有 22 英寸宽却有 80 多英尺高的圆柱顶端站了 35 小时。在纽约的时代广场，他在两个大冰块拼合而成的箱子里不眠不休地待了 63 小时。他在一个上方只有 6 英寸厚空间的棺材里待了 1 周，每天只喝水，什么都不吃。他后来又搞了一次只喝水的长期绝食。《新英格兰医学期刊》（*New England Journal of Medicine*）报道了他这次绝食的结果：44 天瘦了 54 磅。那 44 天，他什么都没吃，待在一个悬挂在泰晤士河上方的密封透明箱子里，箱子内部的温度，最低在零度以下，最高在 45.6 摄氏度。

"突破安乐区，似乎总是我的成长方式。"布莱恩说，回应了他的榜样圣西米恩的那句"身体受苦越多，精神成长越壮"。我们不打算分析其中的原理，这个问题超出了我们的知识范围。

我们感兴趣的是，布莱恩是如何忍受的，这在非忍术表演者看来是一个谜。如果我们能找到他绝食44天的秘诀，那么我们也许可以利用这个秘诀忍到吃晚饭。如果我们知道他是如何忍受被活埋一周的，那么我们也许可以学会如何坚持开完两小时的预算会议。他到底做了什么来打造并保持意志力？比方说，他打算打破世界憋气纪录时，一切都出错了，这个时候，他是如何做到不马上放弃的？他花了一年多时间做准备，学习把肺里充满纯氧后待在水下不动，把能量损耗降至最低以保存氧气。布莱恩可以做到身心完全放松到心跳为每分钟50次以下，有时在每分钟20次以下。在大开曼岛的一个游泳池训练时，他的脉搏在他一开始憋气时就降了50%，他把头沉在水下16分钟感觉不到一点儿明显的压力。世界纪录是16分32秒，相比之下，他的纪录稍短一些，不过，他出水后看起来平静安详，他自己也报告说没有感觉到任何痛苦，而且报告说几乎意识不到自己的身体和周围的环境。

几周后，在著名脱口秀主持人奥普拉的直播电视节目中，在吉尼斯裁判面前，顶着在电视观众面前表演的压力以及其他一些压力，布莱恩打破了世界憋气纪录。这次不是脸朝下浮在游泳池中，而是面向观众待在一个巨型玻璃球中。为了让身体保持竖直且不浮出水面，他必须把脚伸在玻璃球底部的带子里，这样肌肉就要用力。往肺里充氧气时，他担心肌肉用力会损耗太多氧气。他的脉搏高于平常，而且他的脉搏并没在他开始憋气后急剧下降，而是一直高于 100。更糟糕的是，现场有一台心率监控仪，放在距离玻璃球很近的地方（无心为之），快速的"嘭嘭"声，一直让他分心，让他痛苦。两分钟时，他的脉搏是 130，而且他意识到自己控制不了脉搏。时间一分一分地过去，氧气渐渐用完，他的脉搏依然在 100 以上。他没有进入冥想状态，而是清楚地意识到他疯狂跳动的脉搏，还清楚地意识到体内二氧化碳潴留造成的折磨。

　　勉强坚持到世界纪录的一半——8 分钟时，他深信自己这次可能破不了世界纪录。10 分钟时，他的身体为了保存氧气不再向四肢供血，他的手指出现麻刺感。12 分钟时，他的腿开始抽动、耳朵开始轰鸣。13 分钟时，他的手臂麻木、胸部疼痛，他担心这些是心脏病发作的前兆。又过了 1 分钟，他觉得胸部在收缩，特想冲出水面呼吸。15 分钟时，他的心脏漏跳，脉搏古怪，陡然升高到 150，又陡然下降到 40，又陡然回到 100。现在，他坚信他就要心脏病发作，于是把脚从带子里释放出来，这样万一他挺不住了，应急团队就方便把他从玻璃球中拉出来。他向上浮，强迫自己待在将出但未出水面的位置，不过他仍然很有可能随时都挺不住。他听到观众欢呼，意识到自己刚刚破了 16 分 32 秒的老纪录。他看了看钟，继续憋到下一分钟，浮出水面，把吉尼斯纪录刷新为 17 分 4 秒。

"这完全是另外一个层次的痛苦，"没过多久，他说，"我仍然觉得好像有人在使劲儿揍我肚子。"

那么他是如何运用意志力坚持下来的？

"这就是训练在起作用了，"他说，"训练让你有了信心——相信自己能够挺过去。"

他说的训练，并非仅仅指憋气练习，尽管过去一年他做了很多憋气练习。每个早晨，他都会做一系列日常憋气练习（最初不是纯氧，而是空气），每憋一段时间就停一下，渐渐增加持续时间和痛苦程度。他最后能在1小时内总共憋气48分钟，然后一天剩下的时间都剧烈地头痛。那些日常憋气练习让他的身体习惯了二氧化碳潴留造成的痛苦。但是，同样重要的是他自5岁开始就一直做了30年的其他练习。他早就相信，意志力像肌肉一样可以通过锻炼来增强。他之所以信奉这一理念，一是因为看了儿时心目中的英雄——魔术师霍迪尼的故事，二是因为自己的摸索。

布莱恩在布鲁克林长大，成长过程中强迫自己练习扑克魔术，一小时又一小时、一天又一天。他学会了不换气从游泳池这头游到那头——然后，在练习的基础上，他与别人打赌，在水下游了5个游泳馆的长度，赢了500美元。冬天，他只穿一件T恤，即使寒风刺骨的天气在外行走数英里，他也这样穿。他经常洗冷水澡，偶尔赤脚在雪地里跑。他睡在卧室的木地板上，曾经在衣柜里站了两天（他宽容的母亲给他送吃的）。他习惯不断为自己设置新目标并设法去实现，像每天跑多远，或者，每次从某棵树下经过就跳起来去够最高枝头的叶子。11 岁时，读了有关悉达多绝食的故事后，他也试着绝食，很快就能只喝水坚持 4 天。18 岁时，他设法只喝水喝酒绝食了 10 天。成为职业忍术表演家后，他用同样的方法学习每项特技，包括与特技没有直接关系的小小仪式。

"每当我打算迎接一个长期挑战，我就像得了某种强迫症，"他告诉我们，"我给自己设置了很多古怪的目标。比如，我在公园里的自行车道上慢跑，每当经过一个骑车者图标，我就必须踩在上面。不仅是踩在上面，我还必须让我的脚准确踏在骑车者的头部，也就是骑车者的头部正好落在我的运动鞋下面。谁和我一起跑步，都会为我的这个小举动生气，但是我相信，如果不做的话，我就不会成功。"

但是，为什么相信那个？为什么脚踩骑车者图标有助于你憋更长时间的气？

"设置小目标并设法去实现，有助于你实现原本不怎么可能实现的更大目标。"他说，"不要仅仅针对目标练习，而是要将练习难度设定得高于目标难度，绝不要低于目标难度，这样你就有余地，你就知道你总能超过目标。对我来说，那就是自律。自律就是重复和练习。"

这些训练当然对布莱恩有用，但是他的忍术表演很难作为科学证据，也不能作为别人的学习榜样。大卫·布莱恩是个最极端的样本。在任何已知人群中，小时候自愿洗冷水澡、成功绝食 4 天的人并不具有代表性。也许，布莱恩的表演，主要不能归功于他的训练，而要归功于他天生的意志力。也许，所有训练不过表明他总是格外自律。他，像"维多利亚人"一样，尽管训练增强了他的意志力，但是也许刚开始他的意志力就非常强。为了看看这些训练是否真的有用，或者说对其他人来说都有效果，你需要通过非忍术表演家——那种从不把柱头修士视为榜样的人——检验这些技术。

意志力练习

在社会学家看来，意志力好像是不能增强的。毕竟，鲍迈斯特实验室的自我损耗实验表明，消耗了意志力，人们的自制力就会下降。没有吃到巧克力曲奇而只能吃生萝卜会立即损耗意志力，因此没有理由假定同样的练习长期来看最终会增强意志力。

然而，如果意志力确实是可以增强的，那么回报将是巨大的。发表首个自我损耗研究后，研究团队齐聚一堂讨论增强意志力的方法。第一批自我损耗实验的设计者兼执行者——研究生马克·穆拉文，与指导教授鲍迈斯特和泰斯讨论什么练习可以用于培养意志力。因为没人知道什么方法可能有用，所以他们决定做探索研究。他们让不同被试者做不同练习，看看意志力是否增强了。一个明显问题是，有些人一开始就比其他人更有自制力，就像有些运动员一开始就有更多的肌肉、更久的耐力一样。为了控制那个因素，研究者必须测评意志力这块"肌肉"的"力量"和"耐力"的变化量。研究者把大学生被试者带到实验室，首先测评一次自制力找到基线值，然后为其布置一项快速损耗任务，看看其自制力衰退了多少。之后，让被试者离开，嘱咐他们在家独立进行某种练习。两周后，让被试者回到实验室再次测评自制力和自我损耗。实验者选择了多种多样的练习，以检验多种多样的"修身养性"观——说得更具体点就是，确认必须巩固哪些心智资源。自我控制任务之所以损耗你的意志力，是因为需要能量抑制你的这个反应鼓励你的那个反应？还是因为需要能量监控你的行为？还是因为需要能量改变你的心情？

　　研究者让第一组被试者回家后在接下来两周注意身姿。每当想到身姿，他们就要努力站直或者坐直。因为大部分（甚至所有）大学生都习惯懒洋洋地站着或坐着，所以身姿练习会强迫他们耗费能量，抑制他们的习惯反应。第二组被试者是用来检验"意志力之所以损耗是因为需要能量进行自我监控"的理念。研究者让这组被试者在接下来的两周记下自己所吃的任何东西。他们不必改变饮食习惯，尽管他们当中可能有些人因为觉得丢脸而做出一些调整。（"嗯，星期一，比萨和啤酒；星期二，比萨和葡萄酒；星期三，热狗和可乐。如果我偶尔吃吃沙拉或苹果，也许看起来会好一些。"）第三组被试者是用来检验改变心情的效果。研究者让这组被试者在接下来两周努力做到心情好、情绪好。每当发现自己难受了，他们就要努力让自己振作起来。研究者觉得这组最可能成功，于是让这组的样本量是其他两组样本量的两倍，以获得在统计学意义上最可靠的结果。

但是研究者的直觉完全错了。他们最看好的策略最后一点儿效果都没有。练习控制情绪的、样本量较大的那组被试者，回到实验室再次测评自制力时并没有表现出进步。回头看来，这个失败并不像当时看起来的那样令人惊讶。情绪调节依靠的不是意志力，人们不能仅仅依靠意志力就让自己充满爱、更加快乐或者不再内疚。情绪控制一般依靠的是多种多样的微妙技巧，比如，改变对眼前问题的看法，或者，做些其他事情转移注意力。因此，练习情绪控制不会增强你的意志力。

但是，其他练习确实有帮助，就像实验中注意自己身姿的那组被试者和记录自己每天吃了什么的那组被试者表明的那样。两周后回到实验室，他们的自制力测验得分提高了，而且这一提高显著高于对照组（两周没做任何练习的那组被试者）。这个结果引人注目，而且经过认真的数据分析，结论变得更清晰、更有力。出乎意料的是，最佳结果来自注意身姿的那组。那句烦人的提示——"坐直！"——的效果超出了任何人的想象。通过抑制懒散习惯，学生增强了意志力，在与身姿没有任何关系的任务上表现得更好了。那些最遵从研究者建议的学生（写日志记录多久强迫自己站直或坐直一次）进步最明显。

实验还揭示了一个重要区别——意志力的"力量"不同于意志力的"耐力"。实验的第一阶段，被试者先握握手器尽可能长的时间（前期有实验表明，这不仅是测评体力的好方法，而且是测评意志力的好方法），通过经典的"不想白熊"任务损耗心智能量后，再握一次握手器，看看意志力损耗之后还能坚持握多久。两周后，回到实验室，被试者在第一次手握测验中成绩没有多少进步，这意味着他们意志力的力量没有增大多少，但是他们意志力的耐力增强了很多，证据就是，他们在完成"不想白熊"任务后的第二次手握测验中成绩提高了很多。多亏了身姿练习，他们的意志力损耗得不如以前那么快了，所以他们有更多耐力用于其他任务。

你可以试着用两周的身姿练习增强你自己的意志力，你也可以尝试其他练习。坐直并没有什么神奇的地方，正如研究者后来在用其他人群做实验得到类似效果时发现的那样。你可以选择他们研究过的策略，也可以举一反三创造你自己的策略。关键就是，集中精力改变一个习惯行为。

可以从一个简单策略开始，这个策略就是换只手做常做的事，也就是说，如果习惯了用左手，那就用右手；如果习惯了用右手，那就用左手。很多习惯与优势手有关。特别是，惯用右手的人倾向于不假思索地用右手做各种事情。因此，换成左手是需要运用意志力的。你可以训练自己不用习惯用的右手而是用左手刷牙、开门、控制鼠标、把杯子举到嘴边。如果觉得整天这样做太难，那就试着每天练习一段时间。有些研究让被试者在早 8 点到晚 8 点之间用不常用的手。这样做，被试者会在晚间恢复习惯，那时经过白天的练习他们已身心俱疲了。（左撇子请注意：这个策略对你来说也许不如惯用右手的人有效，因为很多左撇子实际上双手都相当灵活，在一个为惯用右手者设计的世界中已经做过很多使用右手的练习。所以，用你的右手也许对增强你的意志力没有多少效果：没有辛苦，就没有收获。）

另外一个策略是，改变说话习惯。说话习惯也是根深蒂固的，因此改变起来需要运用意志力。例如，你可以努力只用复合句说话。戒掉青少年时期形成的一些说话习惯，比如一段话中不断使用"你知道"之类没有实际意义的赘语。避免使用缩略语，也就是，不论提到什么都用全名。你也可以试着避免使用那些传统的禁忌词语——骂人的话。很多人认为这个禁忌是过时的，甚至是荒谬的：为什么一个社会制造出一套人人知道但人人都不该说出来的词语？但是，禁忌词语的价值也许就在于练习如何抵制说这些词语的冲动。

以上策略，任何一个都可以增强你的意志力，也可以作为很好的热身练习，帮助你去迎接更大的挑战，像戒掉香烟、控制花费等。但是，你会发现这些策略都难以坚持很长时间。坚持做一项没有明显奖励的晦涩练习，可能是项艰巨的挑战，正如研究者跟进第一批意志力增强实验被试者时发现的那样。最初结果让心理学家们非常兴奋，因为，目前已知的会使人受益颇多的特质有两个，第一个是智力，很难提高；第二个就是自制力。"赢在起跑线"之类的项目，会在学生入学后提高学生智力测验的成绩，不过学生离校后效果很快就会消退。总的来说，似乎没有什么办法可以提高天生的智力。鉴于此，自制力就显得特别重要，而且社会科学家检验了那些系统培养自制力的项目的效果。长达 10 年的检验，结果有成功也有失败，因为研究者发现很难让人们把指定练习坚持下去。仅仅找到理论上增强意志力的练习是不够的，练习还必须实际上可行。

增强意志力

有几个最成功的策略是两个澳大利亚心理学家梅甘·奥腾和程肯开发的。他们广泛招募那些想改进生活某个方面的人，不过有一个要求，即生活的这个方面可以通过给予直接帮助来改进。他们把人分为两组，一个是实验组，立即给予帮助；另外一个是对照组，稍后给予帮助，但会有效地确保实验组和对照组有着类似的目标和欲望。每个人都得到同样的服务，但是有些人要等候一段时间才能得到服务；等候期间，这些人与那些得到指导做意志力增强练习的人进行同样的测验和评估。而那些练习与人们的目标有直接关系，这样他们就可以看到遵从指导的好处，进而得到鼓励。

有个实验招募的是想让身体更健康但没定期运动的人，其中一些人立即免费加入一个健身房，并在实验人员的帮助下制订了定期运动计划。这些人写日志，记录每次运动。另外一个实验招募的是想改进学习习惯的学生。立即得到帮助的那组人，在实验人员的帮助下确定了长期目标和总任务，并把长期目标分解成分期目标，把总任务分解成小任务。他们的学习计划还要配合他们生活的其他方面（像兼职）。在执行计划的过程中，他们写日志和日记监控进展。还有一个实验招募的是想改进理财习惯的人。在实验人员的帮助下，他们制定了预算并计划用什么方法存下更多钱。除了记账，他们还写日志记录他们的感受和他们想花钱又不能花钱的挣扎——如何强迫自己待在家里以回避商店橱窗的诱惑，或者如何强迫自己牺牲度假来省钱，或者推迟原本定期进行的购物。

在所有实验中，被试者不时来实验室做一个看起来与自我改进项目没有关系的练习。在这个练习中，被试者必须看着电脑屏幕，屏幕上有 6 个黑色方块，其中 3 个方块会闪耀很短一段时间，然后所有方块会在屏幕上滑动，随机改变位置。5 秒钟后，被试者必须用鼠标指出哪些方块是最初闪耀过的方块。这样，要想取得好成绩，你必须用心记下应该一直盯紧哪些方块。让这个练习变得更难的是，其间附近有台电视在播放艾迪·墨菲（Eddie Murphy）的单人滑稽喜剧表演（不时传出观众的笑声）。如果你去看他或者太过专注地听他说笑话，你就盯不住方块。为了获得高分，你必须忽略笑话和笑声，把注意力集中在枯燥的方块上。这个练习绝对需要自制力。每次来实验室，被试者都做两次这样的练习。第一次在一到实验室还很精神的时候做，第二次在稍后损耗了意志力之后做。

所有这些实验的结果基本上呈现出一样的模式。时间一周周地过去，那些定期在健身、学习、理财中训练自制力的人，越来越擅长忽视艾迪·墨菲的喜剧表演而跟踪移动的方块。特别是，最主要的改进体现在抵制损耗上（也就是，每次来实验室做的第二次自制力测验，成绩越来越好）。因此，练习增强了被试者意志力的耐力，让他们在损耗了心智资源后仍能坚持抵制诱惑。

很自然地，他们接近了各自的目标。定期运动的人，身体更健康了；改进学习习惯的人，做完了更多家庭作业；改进理财习惯的人，存下了更多钱。但是，还有一个真正的惊喜——他们在其他方面也有改进。学习项目中的人报告说，健身多了、乱花钱少了。健身项目中的人和理财项目中的人报告说，学习更勤奋了。

在生活某个方面训练自制力似乎能提高生活所有方面的自制力。他们抽烟少了，喝酒也少了。他们把家里收拾得更整洁，不再把盘子堆在水池里，而是及时洗掉。他们更常洗衣服了。他们更少拖拉了。他们不再先看电视或与朋友消磨时间，而是先做事情。他们少吃垃圾食物了，他们的饮食习惯变健康了。你也许认为开始健身的人自然会开始吃得更健康，但实际上其他研究经常观察到相反的情况。一旦你开始锻炼身体，你就觉得自己表现良好，有权得到奖励——让自己吃卡路里含量很高的大餐。插一句，这是"许可效应"（licensing effect）的一个例子，所谓许可效应是指做了好事就表现得好像有了做坏事的权利。但是，在这个实验中，健身组没有因为健身多了就放纵自己吃垃圾食物。预算组没有为了省钱而放弃比较昂贵的新鲜食物或其他健康食物去将就比较便宜的食物。若有任何不同的话，也是多花钱买健康食物，这显然是因为自制力全面增强了。

有些人甚至报告说脾气控制能力增强了，这个有趣的发现后来在另外一项研究中得到了验证，这项研究是奥腾与西北大学的伊莱·芬克尔（Eli Finkel）等心理学家做的有关家庭暴力的研究。研究者询问人们在某种情形下有多大可能对伴侣使用身体暴力。所涉及的情形有：不被伴侣"尊重"，或者看到伴侣与别人做爱等。身体暴力有：打耳光、动拳头或者抄家伙。然后，研究者让实验组的人做两周意志力练习。两周后，这些人报告的被伴侣激怒时对伴侣使用身体暴力的倾向变弱了，不管是与他们自己以前的情况比较，还是与对照组的人（没有做意志力练习的人）比较。（出于伦理和现实方面的考虑，研究者不能计算人们实际上多久对伴侣施以身体暴力一次，只能依赖人们的自我报告。）自制力增强，家庭暴力就会减少。

总而言之，这些研究表明训练意志力有很大好处。致力于改进生活某方面的人，不知不觉地也改进了生活的其他方面。实验室测验为之提供了一个解释：他们的意志力渐渐增强了，所以他们更耐耗了。集中精力改变一个方面的自制力，其他很多方面都会受益，就像本杰明·富兰克林和大卫·布莱恩的例子表明的那样。心理学实验表明，为了享受意志力训练的成果，你不必像富兰克林或布莱恩那样一开始就有超常的意志力：只要你坚持做某种练习，你的意志力就会全面增强，至少在实验期间。

但是实验结束后呢？尽管结果引人注目，但是实验只持续了几周或几个月。坚持自律到底有多难？

这里，我们可以再次看看大卫·布莱恩的例子。

最难的特技

跟大卫·布莱恩讲意志力研究之前，我们先问了他一个问题：他的哪个特技表演是最难的？可以理解的是，这个问题他并不好回答。这么多种折磨，这么多种痛苦。在奥普拉的节目中憋气 17 分钟是很可怕，但时间不长。又可怕时间又长的，是站在柱子上 35 小时。这个特技表演的最后一部分，要一边与幻觉做斗争，一边抑制住困意（如果打盹儿，就会从 8 层楼高的地方掉下摔死）。最漫长的痛苦是，在泰晤士河上方的树脂玻璃箱子里待 44 天不进食。他不仅要看着下面的人吃得很欢地走开，还要看着一个巨大的电池广告牌，上面写着"意志力不足之时"。他想欣赏广告的幽默，但是越来越难做到。"第 38 天时，我感觉嘴里有硫黄的味道，因为我的身体已经在吃自己的器官，"他回忆说，"我浑身都痛。当你的身体开始吃你的肌肉，感觉就像一把刀正在扎进你的胳膊。"

但是，布莱恩告诉我们，最难的特技是在由大冰块拼合而成的"冰棺材"里待上 63 小时。工作人员把他密封在 6 吨重的大冰块里放在时代广场，他的脸距离冰块顶部只有半英寸。幽闭恐惧袭击着它，寒冷让他立即发抖。尽管接下来三天天气出奇的暖和，但是他待在"冰棺材"里还是冻得瑟瑟发抖。更糟糕的是，天气暖和，冰块融化，冰水滴在他的脖子上、滑到他的背上，他就像在受古代中国的水刑。与此同时，他不能打盹儿，因为靠着冰块就会生冻疮。到最后一天时已难以忍受，而那天网络电视会在黄金时段实况转播他从"冰棺材"里出来的全过程。

"我开始觉得自己不对劲儿，"布莱恩说，"器官衰竭我熬过了，但是精神压力才是最糟的。我透过冰块看着站在我面前的一个男子，问他什么时间了，他说，'两点'。我对自己说，'哦，男子汉，我一直要这样做到晚上 10 点。还有 8 个小时'。我告诉自己，一旦只剩 6 个小时就没有这么糟，这样我只需再忍两个小时。我就是运用这个时间转换技巧来改变看法，熬过整个特技表演的。我等了至少两小时，只是耐心等待，那很难。我听见有人说话，我看见人们的影子倒映在冰块上。我没有认识到，所有这一切都是剥夺睡眠造成的幻觉。你不知道周围怎么啦，你以为那是真的，因为你是醒着的。所以，我等了两小时，然后透过冰面问那个男子几点了。"

盯着冰面时，布莱恩还有足够的心智资源意识到这个男子很像两点时的那个男子。然后，他发现确实是同一男子。

"他说，'两点过五分'，"布莱恩回忆说，"那个时候，情况真的很糟了。"

无论如何，他还是坚持到预定出来的时间，但是出来之后，他头晕眼花、语无伦次、虚弱不堪，马上被救护车送往了医院。"最后，我开始认为自己在炼狱。我真的相信自己正在接受审判, 正在等待是去天堂还是地狱。那最后 8 小时是我经历过的最糟状态, 能熬过去不放弃, 已经是超极限的发挥。"

是的, 那确实听起来像所有特技中最难的一个。但是, 听我们讲了鲍迈斯特等科学家的实验后, 布莱恩继续说了一些令我们意外的事情。了解到意志力增强练习多种多样的好处后, 布莱恩点头说: "那真是太有道理了, 你在培养自制力。现在回想起来, 每当我为一个特技训练设定了一个目标, 我就改变了一切——我在生活每个方面都很有自制力。我坚持每天阅读, 坚持健康饮食, 我做好事——去医院看望孩子, 尽我所能为他们做事。我体内有着与他人截然不同的能量。我完全自律, 不放纵, 吃东西主要看是否有营养, 从不喝酒。我基本上不浪费时间。但是, 一旦完成了训练、实现了目标, 我就滑到相反的极端, 没有自制力, 而且好像做什么都是如此。当我不再健康地饮食, 我也不再能坐下来像以前那样阅读同样长的时间。我不再用同样的方式利用我的时间, 而是浪费了很多时间。我喝酒, 做蠢事。特技完成后, 我会在 3 个月内从 180 磅胖到 230 磅。"

布莱恩是在他位于格林尼治村的公寓说这段话的, 当时他刚完成一个特技, 正要为下个特技做计划。刚完成的那个特技比较短, 内容是连续几天每天不戴任何保护装置在海洋里与鲨鱼共度 4 小时。下个特技的内容是, 待在一个玻璃瓶里漂过大西洋。不过, 下个特技还没定下来。所以, 那时候他很放松, 在长胖。"你正好在我完全不自律的时候找到了我," 他说, "我会规规矩矩吃 5 天, 然后乱七八糟吃 10 天。我会规规矩矩吃

10 天，然后像个疯子一样吃 20 天。然后，当我准备再次训练，当我真的严肃起来，我会以稳定的速度每周减掉 3 磅，1 个月就减掉 12 磅。5 个月后，我完全变了，自律水平真的很高。奇怪吧，我在工作中自律，但在生活中有时不自律。"

与鲨鱼待在一起、憋气 17 分钟、冰冻 63 小时，最后像身处炼狱般——所有那一切他都应付得了，但是日常琐事却让他郁闷。他在大冰块里的表演，创下了一个世界忍耐纪录，但是并没进入吉尼斯纪录，因为他很没耐心去填一大堆表格。他手里有表格，但一直拖着没填。他在伦敦绝食了 44 天，但是现在没有意志力去抵御冰箱里的食物。一个原因当然是自家冰箱里的食物非常容易取到。"我认为，如果在这所公寓里绝食，我坚持不了 44 天，"他说，"但在伦敦那个箱子里，我没法受诱惑。因为这个以及其他一些原因，我把绝食做成公开的表演，这样我就知道我必须做到。"但是，即使他不能在家绝食一星期，也总能每天少吃一点儿吧。为什么在没有特技表演期间，他在各方面（吃饭、阅读、工作）保持中等自律就那么难呢？

因为他没有动机。他没有什么向公众、向自己证明的。他已经让其他所有人都知道，当他想控制自己的时候他就能控制自己，没人会因为他在没有表演时休息一下就谴责他。尽管他有着惊人的意志力，但是在应对最大的自我控制挑战时他与我们其他人有着一样的问题。这个最大挑战就是：保持自律不止几天，也不止几周，而是一年又一年。为了常年保持自律，你需要一些不同于忍术表演家所用的策略。

第 7 章

深入黑暗之最战胜自己

自制力比火药还不可或缺。

——亨利·莫顿·斯坦利

18 87 年，亨利·莫顿·斯坦利沿刚果河逆流而上，不经意地启动了一场带来巨大灾难的实验。这距离他第一次深入非洲已经很久了。他第一次深入非洲是为了寻找在那里失踪的苏格兰探险家、传教士大卫·利文斯通（David Livingstone）。斯坦利于 1869 年出发，1871 年找到了利文斯通。他把这次经历写成报道发表了，因此成名。找到传教士之后他说的第一句话——"利文斯通医生吧，我猜"——成了一句经典台词。斯坦利 46 岁时已经是老牌探险家，正在第三次深入非洲。走向地图上没标注的一片广阔雨林之前，他让部分探险队员留在河边营地等待物资补给。这支留守小队的领导，来自英国一些显赫家族，后来变得举世闻"名"——这个名是臭名。

除了那些人以外，斯坦利还留下一个小分队负责守卫沿路的一个要塞。斯坦利离开后，所有留下的人都失控了。他们拒绝给生病的原住民治病，听任当地受控的非洲人因疾病和食物中毒死去（如果他们施以援手，这些非洲人是不会死的）。他们绑架、购买年轻非洲女子，将其监禁起来做性奴。有个年纪很小的哭着说要回到爸妈身边，他们置之不理；有个逃跑了，他们捉回来绑住，免得再次逃跑。守卫要塞的英国长官野蛮地殴打、虐待非洲人，有时用尖利的钢手杖刺他们，有时因为一些小错朝他们开枪或者用藤条把他们打得半死。他手下的军官，大都不反对。住在要塞附近的几个俾格米人（一个母亲带着几个孩子）偷他们的食物，被抓到割掉了部分耳朵。还有一些偷东西的人，被开枪打死了，头被割下，高高挂起，以儆效尤。留守小队的一个军官是詹姆森酿酒厂的继承人之一，同时是一个自然主义者，他花钱请食人族的人吃一个11岁女孩——他就在一旁用素描记录全过程。

那个时候，约瑟夫·康拉德（Joseph Conrad）正要踏上前往刚果的路。10年后，他写出了小说《黑暗之心》（*Heart of Darkness*），创造了人物库尔兹。库尔兹是个野蛮的帝国主义者，"对各种欲望缺乏自制力"，因为他"腹中空空""蛮荒让他暴露了本性"。但是，很多欧洲人已经十分清楚非洲蛮荒的危险，因为他们读过斯坦利留守小队的真实故事。评论家呼吁，这样的探险应该停止，下不为例。评论家的反应令斯坦利非常沮丧。他和其他人一起谴责手下的行为，他当然明白蛮荒之地的危险，不过他并不认为这些危险是不可克服的。

在留守小队发狂的时候，斯坦利正在更蛮荒的环境中维持纪律。他带着先遣分队在浓密的伊图里雨林挣扎了几个月，想找到一条出路。他们经历了狂风暴雨，走过了齐腰深的泥沼，其间不时驱赶着成群结队的苍蝇和咬人的蚂蚁。他们因经常吃不饱而虚弱不堪，因流脓溃疡而千疮百孔，因疟疾痢疾而无法行动。原住民用带毒的剑和矛袭击他们，让他们或残或死，甚至变成盘中餐。有一段时间，他们中间每天都有几个人死于疾病和饥饿。与斯坦利一起出发深入"非洲最黑暗之地"——他这样称呼阴暗的广阔丛林——的人，只有不到三分之一跟着他走了出来。

你很难想出史上有哪个探险家像他们一样，如此深入蛮荒之地，忍受如此长期的痛苦和恐惧。也许唯一与之匹敌的一次探险，是斯坦利本人的上次探险，那次探险，他横跨非洲，确认尼罗河和刚果河的源头。然而，斯坦利闯过了所有难关，一年又一年地坚持下来，一次又一次地探险。他的欧洲同伴惊叹他的"意志力"。非洲人把他叫作"Bula Mutari"，译成英文是"Breaker of Rocks"，中文是"破石者"的意思。跟着他探险活下来的非洲助手和非洲搬运工，一次又一次地继续支持他，不仅钦佩他的勤奋和决心，而且钦佩他的仁慈善良和临危不乱。其他人怨天尤人，怪蛮荒让人残暴，而斯坦利说蛮荒让他受益："就我自己而言，我绝不会说大自然是格外美丽的；但是，我要说，我这个原本粗野、没教养、没耐心的人，就是从非洲经历中受到了教育，尽管现在有些人说这些经历让欧洲人性格变坏。"

那些教育教会了他什么？为什么蛮荒没有让他暴露本性？

在他所处的时代，他的壮举令公众着迷，令艺术家和知识分子敬畏。马克·吐温预言，斯坦利是同时代中唯一100年后仍然有名的人。"拿我在自己短暂的一生中所获的成绩与斯坦利在他可能更为短暂的一生中所获的成绩相比，"马克·吐温说道，"我10层高的自我欣赏大厦就会坍塌到只剩地窖。"契诃夫说："一个斯坦利抵得上一打学校和100本好书。"俄罗斯作家认为，斯坦利"不管有什么困难、危险和诱惑，都坚定不移地迈向目标""赋予了最高道德力量以人性"。

但是，英国以及欧洲其他很多国家的当局总是怀疑这个来自美国的急性子的新闻人，心怀嫉妒的对手渴望从他的探险策略中挑错，特别是留守小队的丑闻暴露之后。在接下来的一个世纪，他的名声急剧变差，因为传记作家和历史学家批评他的探险以及他在19世纪80年代早期与投机倒把的比利时国王利奥波德二世的合作。康拉德写《黑暗之心》的灵感，就直接来自国王利奥波德二世的象牙商人。随着殖民主义渐渐衰落、维多利亚修身养性的理念不再受人欢迎，人们渐渐不把斯坦利视为自律的好榜样，而是视为自私的控制狂。他被刻画成残暴的剥削者、无情的帝国主义者，用鞭子和手枪开辟了横跨非洲的路。经常有人拿这个残忍的征服者与圣洁的利文斯通医生比较，后者孤身一人横跨非洲，无私地寻找需要得到拯救的灵魂。

但是，关于斯坦利的描述最近出现了另外一个版本，这个版本比大胆的英雄和无情的控制狂的版本更让现代观众感兴趣。在这个版本中，斯坦利之所以征服了蛮荒之地，不是因为无私，也不是因为不屈不挠的意志，而是因为清楚蛮荒之地的限制，并使用了心理学家现在正开始理解的长期战略。

重新定义斯坦利的人，恰好是利文斯通医生的传记作家蒂姆·吉尔（Tim Jeal）。在研究利文斯通生平的过程中，吉尔开始怀疑把利文斯通和斯坦利截然对立的传统做法。过去 10 年，斯坦利的信件和论文陆续解密，吉尔阅读了之后，写出了一部修正斯坦利形象的鸿篇巨制《斯坦利传：非洲大陆探险第一人》（ *Stanley: The Impossible Life of Africa's Greatest Explorer* ）。这部受到高度赞扬的传记刻画出了一个有着深层缺陷的人物，这个人物因为既雄心勃勃又缺乏安全感而显得更勇敢，因为既有优点又有缺点而显得更像个人。考虑到他隐藏在内心深处的秘密，他在蛮荒之地的自制力就显得更引人注目。

情绪温差

如果自制力在某种程度上是遗传的（这好像是可能的），那么斯坦利在这方面就是先天不足。他出生于威尔士，母亲是个 18 岁的未婚女子。这个女子生下他之后，又与其他至少两个男人生下了 4 个私生子。他从不知道父亲是谁。母亲生下他之后，就把他交给了外祖父。之后，他一直由外祖父照顾着，直到外祖父去世，当时他 6 岁。之后，一个家庭收养了他。没过多久，这个家庭的家长对他说带他去他阿姨家，结果把他带到了一个大大的石头房子——济贫院。长大后的斯坦利永远忘不了那一幕：骗他的家长逃了，石头房子的门猛然关上，他"第一次体验到被彻底遗弃了，非常害怕"。

这个当时名叫约翰·罗兰兹（John Rowlands）的男孩穷其一生都在掩盖济贫院那段耻辱的日子和私生子身份留下的污点。15岁离开济贫院到新奥尔良后，他开始否认自己的根在威尔士，假装自己是个美国人，完全改变了口音。他给自己取名为亨利·莫顿·斯坦利，说这个名字来自他的养父——新奥尔良一个非常善良、非常勤劳的棉花商人。在他捏造的故事中，养父母培养了他的自制力。他幻想中的养母临终前对他说："做个好孩子。"

"他最喜欢跟我讲，要对抗不道德的东西。"斯坦利这样描写他幻想中的父亲，"他说，经常对抗不道德的东西，就能增强意志，因为意志像肌肉一样需要锻炼。我们需要增强意志，以抵制邪恶的欲望和下流的激情。意志是良心最好的盟友之一。"顺理成章的是，幻想中的父母给出的劝告，恰好符合斯坦利自己的修身养性观（他培养自己的意志力，是为了避免与真正的父母犯下同样的罪孽）。尽管威尔士济贫院的生活条件可以算得上奢侈，但是他11岁就已经故意让自己受苦受罪，以锻炼意志：

> 我午夜起来，与邪恶的自我悄悄较劲，在同学睡得正香时，我在跪着，对那个知道一切的人讲心里话……我承

诺放弃想要更多食物的愿望，我承诺无视肚子的饿和痛，我会把三餐中的一餐分给我的同胞；我应该把牛油布丁分一半给福克斯，他在受贪婪的折磨；如果我拥有的某样东西招人嫉妒，我会立即放弃这样东西。

他发现，美德的培养很花时间。"与邪恶做斗争好像经常是徒劳的，然而，每个阶段都有微小的进步，性格变得越来越成熟。"他二十几岁就成了一名成功的战地记者，经常向朋友宣扬自律。一个朋友建议他度假，他用一句啰唆（且自大）的话婉拒朋友："我只有用火车的速度才能活下去。"他给朋友写信说，他甚至没有能力享受假期，因为他觉得这样是浪费时间，会受良心折磨。什么都干扰不了他去实现目标："我想一心做事、自我克制、不知疲倦，从而变成我自己的主人。"

但是，到了非洲后，斯坦利也认识到了，任何人的意志都是有限度的。虽然他认为他在非洲的经历最终让他变强了，但是他也看到了非洲让不习惯其严酷和诱惑的人付出了代价。"没有类似经历的人很难理解我们超负荷的自我控制训练——每天 15 个小时，在我们这样的环境中。"他在描述穿过阴暗的伊图里森林时写道。首次了解到留守小队的一些残暴和掠夺事迹后，他在日记里说，大部分人错误地下结论说这些人"原本就是邪恶的"。他认识到了，大后方的文明人想象不到他的远征队自离开英格兰之后经历的变化：

在家的时候，这些人没有理由展现他们天生的野

意志力

蛮……他们突然被移植到非洲及其苦难里。他们被剥夺了
肉、酒、面包、书籍、报纸和社交。热病抓住了他们，摧
毁了他们的精神和身体。善良本性被焦虑磨没了，幸福快
乐被苦役磨没了。兴高采烈让位给内心痛苦……直到他们
在道德和身体上变成在英国社会时完全想象不到的样子。

斯坦利描述的就是经济学家兼卡内基–梅隆大学的教授
乔治·洛温斯坦（George Loewenstein）所说的"情绪温差"
（hot-cold empathy gap）：在理性、冷静的"低温"状态，体会
不到在充满激情和欲望的"高温"状态有何表现。这些人在英
格兰本土冷静地努力表现出符合道德的行为，想象不到自己在
丛林中的行为会有多大的不同。情绪温差仍然是人们进行自我
控制时最常面临的一个挑战，只是不如斯坦利探险队所面临的
那样极端而已。一般人面临的情绪温差，比较像我们一个在加
拿大公社长大的朋友观察到的那种。她是那个公社唯一的孩
子，那个公社主要由理想主义的嬉皮士组成。这些嬉皮士的一
个理想是，只消费最健康、最天然的食物。然而，她的母亲认
为，孩子应该不时吃吃超市的曲奇。为了买曲奇，她的母亲需
要忍受很多说教（也有笑话），像糖有很多坏处、垃圾食物有
很多危险、支持国际食品公司是不道德的。不管怎样，她的母
亲还是坚持买曲奇，不过又面临另外一个问题：曲奇总是不见
了。深夜，分享了酒和大麻之类的天然物质后，公社居民的意
志力耗尽了，对国际食品公司垃圾食品的反对比不上对奥利奥

的渴望了。有些父母必须把曲奇藏起来，以防孩子偷吃；但是，这个母亲发现，她只能向孩子透露曲奇放在哪里。之所以必须把曲奇藏起来，是因为成年人遭遇了情绪温差。他们白天抨击垃圾食物，但是他们意识不到，一旦累了、醉了，他们就多么渴望那些"邪恶"的曲奇。

　　为未来制定行为规范时，你大都处于冷静状态，所以你做出不切实际的承诺。"不饿的时候，你真的容易同意节食。"洛温斯坦说。性没有被唤醒时，你真的容易禁欲，正如洛温斯坦和丹·艾瑞里发现的那样。他们向年轻异性恋男子询问一些私人问题，比方说，假设你受到一个女人的吸引，那个女人提议3P，你会答应吗？你可以想象自己与一个超过40岁的女人做爱吗？你是否曾经被一个12岁的女孩吸引？为了让一个女人与你做爱，你会骗她说爱她吗？她拒绝了，你会继续纠缠吗？你会把她灌醉或者给她下药，减轻她的抵抗吗？

　　坐在实验室电脑面前回答问题时（明显的"冷"状态），那些男子认为自己非常不可能做其中任何一件事。然而，在实验的另外一部分，研究者让那些男子一边自慰（高度性唤醒状态）一边回答问题。在这个"热"状态，那些男子对每个问题的回答都是"非常有可能"。曾经看起来非常不可能的事情，现在看起来非常有可能。它不过是个实验，不过它说明蛮荒也很有可能让那些男子暴露本性。调高温度，不可想象的事情就意外地变成了可以想象的事情。

　　我们说过意志力是人类最伟大的力量，不过最好不要所有情况都依靠意志力，而应把意志力省下来用于紧急情况。正如斯坦利发现的那样，一些心智技巧可以让你保存意志力，用于非用不可的情况。自相矛盾的是，这些技巧需要意志力来实施，但是长期看来，它们会让你在那些主要靠意志求生的情况下坚持得更久。

捆绑绳

　　斯坦利首次见识非洲深处的苦难是在30岁，当时《纽约先驱报》(*New York Herald*) 派他去寻找利文斯通——他就在那个神秘大洲的某个地方。前一半旅程，他在泥沼里艰难跋涉，不时与疟疾做斗争。一患疟疾，他就"头发昏，眼发花，上吐下泻"，有次甚至昏迷了一星期。之后，探险队在当地遭遇内战，差点全军覆没。行程过了6个月，就死了很多人，也丢了很多人，即使补充了新人，斯坦利手下也只剩34人，不到最初的1/4。队伍这么小，前方环境那么恶劣，强行穿过是非常危险的。一次次的发烧让他烦恼，阿拉伯资深旅人的警告让他沮丧——他们警告说，如果继续往前走，他会死的。但是，一天晚上，在没发烧的时候，他在烛光下给自己写了一张纸条：

　　　　我郑重地发过誓，只要有一口气在，我就要去兑现，

不让外界诱惑动摇我的决心，永远不放弃寻找，直到找到
利文斯通，活要见人死要见尸……没有哪个或哪些活人能
阻止我，只有死亡能阻止我。但是，连死亡都不能；我不
该死，我不会死，我不能死！

即使考虑到发烧和幻觉，也很难想象斯坦利真的相信他或
他的纸条能吓退死神。但是，写纸条是这个策略的一部分，他
一次又一次使用这个策略成功保存了意志力，这个策略就是预
设底线。预设底线的本质就是，把自己锁在正道上。你明白，
你会遇到强大的诱惑，你的意志力会减弱，你会偏离正道。所
以，你把偏离正道的可能性变成零，或者把偏离正道变得超级
丢脸或罪大恶极。奥德修斯及其手下成功抵制了塞壬死亡之歌
的诱惑，就是使用了预设底线。他把自己绑在桅杆上，下令任
何人不得给他松绑，不管他怎么恳求放了他去找塞壬。他的手
下使用了另外一个形式的预设底线：堵住耳朵，这样就听不到
塞壬的歌声。他们让自己连诱惑都受不到，这是两种方法中比
较保险的一种。如果你想确保自己不在赌场赌博，那么你最好
远离赌场，而不是在赌桌前徘徊，指望朋友阻止你下注。不
过，还有一个更好的办法，即让赌场把你列入"赢了也拿不到
钱名单"（有些州的赌场设有这样的名单）。

当然，没人能预料到所有诱惑，特别是在今天。不管你采
取什么办法回避现实赌场，你都从未远离虚拟赌场，更别提你
随时可能在网络上遇到其他诱惑。但是，那些制造了新罪孽的

技术，也带来了新策略。现代人可以用一种防止人访问某些网站的软件把自己绑在浏览器上，就像奥德修斯用绳子把自己绑在桅杆上一样；现代人还可以利用虚拟社交网络，就像斯坦利利用现实社交网络一样。斯坦利在私信、新闻稿和公开声明中一再承诺自己会实现目标，不做有损体面的事情——而且，他知道，一旦出名了，他只要犯错就会上报纸头条。他语重心长地劝过手下，在非洲，醉酒是危险的，在非洲，要回避性诱惑。他知道，他自己失检一次会格外引人注目。为了保持坚定的意志，他把自己塑造成公众眼中不屈不挠的"破石者"。吉尔说，因为斯坦利的誓言和形象，"他提前让自己不可能因为意志力弱而失败"。

今天，你不一定非得是名人才需担心失检一次形象就毁了。为了预设底线好好表现，你可以使用一些揭露你"罪行"的社交网络工具，像"不节食就丢脸"（Public Humiliation Diet）。一个名叫德鲁·马格里（Drew Magary）的作家就使用了这个工具。他发誓每天称体重并把结果立即发到微博上——他确实这么做了，5个月减了60磅。如果你愿意让别人在你失检时羞辱你，你就可以安装契约眼（Covenant Eyes）软件，这个软件可以监控你的网页浏览情况，然后把你访问过的网站列成清单用电子邮件发送给你提前指定的人——比方说，你的上司或者你的配偶。或者，你可以与stickk.com签订一个"承诺契约"。stickk.com是耶鲁大学两名经济学家伊恩·艾尔斯（Ian Ayres）和迪安·卡兰（Dean Karlan）以及一名研究生乔丹·戈德堡（Jordan Goldberg）创办的，在这个网站，你可以随心所欲地设置目标（减肥、不再咬指甲、少用化石燃料、不再给前夫或前妻打电话）以及惩罚，目标实现不了，惩罚就会自动施加。你可以自己监督自己，也可以找人监督你，让监督人把你的进展情况报告给网站。惩罚可能仅仅是 stickk.com 把你的"罪行"用电子邮件报告给你指定的支持人——一般是亲戚朋友，不过你可以选一些敌人。但是，你还可以在经济上惩罚自己，实现不了目标，就自动从你的信用卡里扣一部分钱捐给慈善机构。为了加大惩罚力度，你可以把罚金支付给你讨厌的机构，比如比尔·克林顿或者乔治·W. 布什的总统图书馆。不足为奇的是，stickk.com 用户的动力好像是不被罚钱（斯坦利的部分动力也是钱，他知道，坚持下去，找到利文斯通，就能写出好故事卖出去，挣到很多钱），有人监督。所签契约既没规定罚金又没指定监督人的用户，成功率只有 35%；所签契约既规定罚金又指定监督人的用户，成功率接近 80%；罚金数额超过 100 美元的用户，比罚金数额不足 20 美元的用户做得好——至少根据 stickk.com 的报告来看是这样，不过它没有独立校验这些结果。真正的成功率应该低一些，因为有些监督人发现朋友失败了也不报告——报告了，朋友就会被罚钱。而且，不管成功率如何，stickk.com 用户并不是随机样本，每个用户已经有改变动机，只是很难知道 stickk.com 契约到底有多大影响。不过，另外一个比较严格的线下实验有力证明了契约与罚金的效果，这个实验是卡兰等经济学家以菲律宾

2000 个说自己想戒烟的吸烟者为被试者做的。

经济学家让这些吸烟者与一家银行签订一个承诺契约：银行给他们提供一个账户，他们每周可以往账户里存一笔钱，存钱没利息。经济学家建议吸烟者把平常花在香烟上的钱节省下来存到那个账户，但是存不存钱、存多少钱都是完全自愿的——他们想存多少就存多少，一分钱不存也可以（很多吸烟者最后一分钱没存）。6 个月后，经济学家让他们做尿检。如果尿检发现他们体内有尼古丁，那么他们存在那个账户里的所有钱都会被没收（银行会把没收来的钱捐给慈善机构）。从严格的经济学角度来说，吸烟者签订契约并不明智。即使把钱存在普通有息储蓄账户，他们也肯定能得到更多回报。签订契约，他们不仅放弃了获得利息的机会，而且还让自己面临丢掉所有存款的风险——确实，6 个月后，一半以上的人没有通过尿检。抽烟的欲望太过强烈，大部分人屈服了，即使知道抽烟就会丢钱。

不过，好消息是，这个项目确实帮一些吸烟者戒了烟，他们坚持不碰香烟，一直到通过了尿检、从账户里取了钱。之后，官方结束了项目，被试者不再受监督。但是，研究者想看看效果能持续多久，于是又等了 6 个月，在距离项目开始一年的时候，他们出乎意料地让所有被试者再做一次尿检。即使不再有任何丢钱风险让被试者远离香烟，项目的效果仍然明显。与对照组（研究者为对照组提供了另外一个戒烟项目）相比，签订承诺契约的被试者一年后尿检没发现尼古丁的比率要高40%。设置惩罚让他们暂时克制抽烟，他们就更有可能让自己的生活发生持久的变化。最初不过是预设底线，最后变成了一种价值更大、时间更久的东西——习惯。

挂在自动挡的大脑

暂时想象一下，你是亨利·莫顿·斯坦利，在一个特别不祥的早晨醒来。你走出你在伊图里雨林的帐篷。当然，天是暗的，你已经 4 个月没见到太阳了。很早之前，在前几次非洲之行中，你的肚子就被寄生虫搞坏了，时不时出问题，经常要服用奎宁等药物，而且，现在更糟了。你和手下早就开始将就着吃浆果、草根、真菌、蛆、蚂蚁和鼻涕虫——还是在比较幸运能够找到这些东西的时候。最近一次大餐吃的是你的驴子，为了让队伍活下去，你不得不开枪打死了它。饥肠辘辘的人把驴子的每个部位都吃了，甚至为抢驴蹄打架，疯狂舔食地面还没渗透的血。

有几十个人情况太糟（因为饥饿、疾病、伤口和脓疮），必须留在森林中的一个据点，他们称呼这个可怕的据点为"饿死营"（starvation camp）。你已经带着情况较好的人向前寻找食物，一路死了好些人，结果仍然没有找到食物。你担心，你不过是从一个饿死营到了另一个饿死营；你已经开始过细地想象你和其他人会怎样倒下、死在森林里。你想象着森林里的昆虫吃掉每个人的尸体："在他冷去之前，会来一个'侦察兵'，然后是两个，然后是 20 个，最后是无数个凶猛的黄色食腐虫，它们头上覆盖着闪闪发亮的尖角盔甲。几天后，只剩下一堆破布，其中一块破布的一角露出了森森头骨。"

但是，这个早晨你还没死。营地里没有食物，但是至少你还活着。现在，你起来了，响应了大自然在早晨的第一声召唤，那么接下来做什么？

对斯坦利来说，这个决定好做——刮胡子。他在英格兰的一个仆人后来回忆说："他经常告诉我，在多次探险期间，他立下一个规矩，总是认真刮胡子。在大森林、在'饿死营'、在战斗的早晨，他从未漏掉这件事，不管有多大困难。他告诉我，他经常用冷水刮胡子，或者用钝剃刀。"为什么一个快要饿死的人还坚持刮胡子呢？当我们向吉尔打听为什么斯坦利在丛林里这么一丝不苟时，吉尔说这是注重秩序的典型表现。

"斯坦利总是努力保持整洁的外表，特别强调书写要清楚、杂志书籍要保存好、箱子要理得井井有条。"吉尔说，"他赞扬利文斯通也这样爱整洁。他创建秩序，可能只是为了对抗周遭大自然的破坏力。" 斯坦利本人也为自己在丛林里每日刮胡子做出了类似解释："我把自己收拾得尽可能得体，既是为了自律，也是为了自重。"

现在，你也许在想，在丛林里，最好把花在刮胡子上的精力用来找食物。每天刮胡子不是会损耗你更多意志力，让你剩下更少意志力去做攸关生死的事情吗？但是，长期来看，像刮胡子那样的整洁习惯实际上可以提高自制力，因为它可以激活不需要多少能量的自动心智过程。斯坦利相信外在的秩序与内在的自律存在联系，这一信念最近得到了一些研究的证实。在一个实验中，一组被试者坐在整洁的房间里回答问题，另外一组被试者坐在杂乱的房间里回答问题。（杂乱到什么程度呢？会让父母禁不住咆哮"收拾你的房间"。）杂乱房间里的被试者，在很多自制力测试中得分都较低。所用自制力测试有：是现在获得一个奖励还是过段时间获得一个更大的奖励；挑选零食和饮料，是挑选苹果和牛奶还是糖果和含糖可乐。杂乱房间里的被试者，更可能选择现在获得一个奖励，更可能选择糖果和含糖可乐。

在一个类似的在线实验中，一些被试者在一个设计良好（页面干净、布局合理、没有拼写错误）的网站上回答问题，另外一些被试者在一个设计糟糕（有拼写错误，还有其他问题）的网站上回答问题。在设计杂乱的网站上，人们更有可能回答说他们宁愿有较小可能得到一大笔钱，也不愿肯定得到一小笔钱，还有可能回答说他们会赌咒发誓，更有可能回答说他们宁愿立即拿较小的奖励而不愿等段时间拿较大的奖励。而且，在设计杂乱的网站上，人们捐钱给慈善机构的可能性更小。曾经有研究把慈善、慷慨与自制联系在一起，其中的原因，一个在于自制需要克服动物般的自私天性，还有一个在于——正如我们稍后会看到的那样——考虑别人，自制力就会增强。整洁的网站，像整洁的房间一样，提供了微妙的线索，引导人们无意识地做出自律的决策和助人的行动。

　　每天刮胡子也是一种整洁线索，斯坦利不用耗费多少心智能量就能从中获益。他不必每天早晨有意识地决定刮胡子。一旦他用意志力把刮胡子变成习惯，刮胡子就变成了相对自动的心智过程，再也不用什么意志力。他在饿死营还一丝不苟，是比较极端，但符合鲍迈斯特最近与丹尼斯·德里德（Denise de Ridder）、卡特里恩·芬肯奥尔（Catrin Finkenauer）合作发现的一个模式。德里德和芬肯奥尔都来自荷兰，他们领导的研究小组做了一个元分析（围绕某个主题，搜集未发表的、已发表的研究，用统计技术把各研究的结果综合起来），主题是人格测验自制力得分较高者在多种行为上的表现。研究小组把这些行为分为两大类：自动的和控制的。研究小组（有充足理由）假定，自制力高的人倾向于把意志力更多地用在控制行为上。然而，研究小组利用元分析技术把结果综合起来后发现了与假定恰恰相反的模式。自制力高的人与其他人的区别，更多地在于自动行为上。

　　起初，研究小组迷惑不解。他们的发现表明，自制力高的人并没把自制力用在控制行为上。怎么会那样？他们反复检查编码过程和计算过程，发现结果确实如此。他们回到原始研究才开始理解这一发现意味着什么，它意味着我们必须改变对自我控制的看法。

　　编码成自动的行为，往往与习惯有关；而编码成控制的行为，往往是不常发生的甚至只发生一次的行为。原来，把自制力用于破除坏习惯、形成好习惯，就能发挥最大效果。自制力高的人，更有可能经常使用安全套，还更有可能避免抽烟、酗酒、常吃零食之类的习惯。健康行为模式的形成，需要意志力——所以意志力强的人在这方面做得更好，但是，习惯一旦形成，生活特别是生活的某些方面就自动朝良性方向发展。

元分析还得到了另外一个意外发现：自制力特别有助于在学习和工作中好好表现，而在饮食和节食中的作用最差。虽然自制力相对较高的人在控制体重上做得稍微好些，但是与生活其他方面相比，这个效果要弱得多。（第 10 章我们会讨论背后的原因，为什么自制力对节食的效果最差。）对促进情绪适应（更快乐、减少抑郁、自尊但不过于敏感）和促进人际关系（与密友、爱人和亲戚友好相处）来说，自制力只有中等效果。但是，对在学习和工作中好好表现来说，自制力有着最大效果，这呼应了其他一些研究，那些研究表明，学生和员工的成功往往靠的是好习惯。在毕业典礼上致告别辞的毕业生代表（通常是班上学习成绩最好的学生）一般不是那种只在大考之前挑灯夜战的人，因为他们整个学期都在好好学习，只需在考试之前复习（而非学习）就能取得好成绩。生产率长期稳定的员工，往往是最成功的员工。

例如，对大学教授而言，获得终身教职是一道大槛和一块重要的里程碑，而且，在大部分大学，能否获得终身教职，关键取决于发表了多少高质量的原创论文。研究者鲍勃·博伊斯（Bob Boice）考察了刚刚入职的年轻教授的写作习惯，跟踪了他们之后的发展情况。不足为奇的是，在一份没有真正上司、没人告诉做什么、没人给设进度表的工作上，这些年轻教授对待论文发表这个任务的方式多种多样。有些年轻教授一直收集信息直到准备好一切，然后突然爆发写出初稿，写初稿的时间一般是一两个星期，其间很有可能加班加点挑灯夜战。有些年轻教授以比较稳定的节奏前进，努力每天写一两页。有些年轻教授居于两者之间。几年后，博伊斯跟踪调查后发现，这些年轻教授的发展路线有着很大的不同。每天写一两页的人发展得最好，一般都获得了终身教职。所谓的"爆发型写手"发展得远远不如前者好，其中有很多人已经不再做教授。这个研究清楚地显示，对志向远大的年轻作家和年轻教授来说，最好的建议是每天都写。运用自制力形成日常习惯，长期下去你会事半功倍。

我们经常把意志力与英雄壮举联系在一起，认为它最适合用于人生关键时刻——马拉松最后冲刺，克服分娩痛苦，忍受伤痛，处理危机，抵制看似不可抵制的诱惑，在看似不可能满足的最后期限之前完成任务。那些英雄壮举令人难忘，是最好的故事素材。连斯坦利那些最爱挑剔的传记作家们也是在最后期限迫近时写作灵感大爆发。艰难地穿过伊图里森林回到文明之地后，斯坦利迅速写出了一本畅销国际的书——《在非洲最黑暗之处》(*In Darkest Africa*)。这本书有两卷，共 900 页，他每天从早上 6 点一直工作到晚上 11 点，只用 15 天就写完了——最极端的爆发型写手。但是，要不是一路上给自己写了很多小纸条、每天保持干净整洁，他绝不会这么快走出伊图里森林。就像刮胡子一样，他把写日记变成了一个习惯，一天又一天地写，还能保存意志力，用来应付次日在丛林中遇到的可怕意外。

管好自己还不够

找到利文斯通后不久，33 岁的斯坦利找到了爱。他以前一直以为自己毫无女人缘，但是成名后的他回到伦敦后有了更多社交机会，遇到了旅居伦敦的美国人爱丽丝·派克（Alice Pike）。她只有 17 岁，是他年龄的一半。他在日记中写道："她很不了解非洲地理，而且，恐怕也很不了解其他一切事情。"但是，他被她俘虏了，不到一个月就与她订了婚。他们商定，他下次非洲探险回来后就娶她。他用油布包着她的相片，贴着心窝放着，从非洲东海岸出发，而他的手下拖着一艘名叫"爱丽丝女士"（Lady Alice）的 24 英尺（约 7.3 米）长的小船的部件。插一句，他就是用这艘小船在非洲中央的大湖航行了一周——这是那个大湖有史以来第一次记录在案的航行。然后，走了 3500 英里（约 5362.7 千米）后，他继续向西，走向最危险的那部分旅程。他计划让"爱丽丝女士"顺着卢阿拉巴河漂流到尽头——也许是尼罗河（利文斯通的理论），也许是尼日尔，也许是刚果（斯坦利的直觉事后证明是正确的）。没人知道，因为传说卢阿拉巴河下游有好斗的食人族，连凶狠的阿拉伯奴隶贩子都不敢去。

在顺着那条河走下去之前，斯坦利写信给未婚妻，告诉她，他只有118磅重，同遇见她时相比，瘦了60磅。他还得过很多场小病，包括不知道是第几次的疟疾发作。那次疟疾发作，外面艳阳高照，气温近59摄氏度，他却冷得发抖。他预计前方更艰险，但是他在到达非洲另一端之前写给爱丽丝的最后一封信中并未着重描述这个。"我对你的爱没有变，你是我的梦想、我的港湾、我的希望、我的灯塔，"他写道，"所以，我对你的爱至死不渝。"

在那个希望的引导下，斯坦利又坚持走了3500英里，把"爱丽丝女士"带到了刚果河，途中顶住了喊着战斗口号"肉！肉！"的食人族的袭击。他最后终于到达了大西洋岸边，整个旅程花了3年时间，只有一半人跟着他到了目的地，同去的其他欧洲人都死了。一回到文明之地，他就迫切地查询未婚妻给他的信，但是没有查到。不过，他查到了出版商写的一封信，信中提到几个坏消息（因为不知道该不该说，所以使用了感叹号）："现在，我说一件事，这件事我不知是该写在信中还是该等你回来告诉你。最后，我决定无论如何要立即告诉你，你的朋友爱丽丝·派克结婚了！"听到自己朝思暮想的女人抛弃了自己（投入了俄亥俄一火车车厢制造商的儿子的怀抱），斯坦利心烦意乱。后来，爱丽丝·派克给他写了一封信，祝贺他这次非洲探险成功归来，还用轻松活泼的语气提到她结婚了，而且承认"事实证明，'爱丽丝女士'比爱丽丝本人更像你的朋友"。这封信丝毫没让斯坦利好受一些。对斯坦利来说，爱丽丝悔婚进一步证明了他在爱情方面太过愚笨。显而易见，他怀揣一个错误女人的照片横跨非洲了。

但是，不管结果多么糟糕，那段感情和那张照片对斯坦利确实有帮助：在他艰难跋涉时，把他的注意力从他自己的惨境中转移出来。他坚信她是忠贞不渝的，在这方面他也许是愚蠢的，但是在另外一方面他是聪明的——在旅途中，注视着远离周围糟糕环境的"港湾"和"灯塔"。他这里用到的策略，与经典棉花糖实验中成功抵御诱惑的孩子用到的策略是类似的，但更复杂。经典棉花糖实验中，那些一直盯着棉花糖的孩子，迅速耗尽了意志力，屈服于马上吃掉棉花糖的诱惑；那些通过环视房间（或者仅仅捂住眼睛）来分散注意力的孩子，成功坚持了下来。类似地，护理人员为了不让病人关注病痛，跟病人什么都谈，就是不谈病人的病。再比如，助产士让产妇闭上眼睛，这能让产妇把注意力放在阵痛上。他们明白斯坦利所说的"忘我"的好处。斯坦利认为，留守小队的崩溃要归咎于小队领导，他为了等到更多行李工，让小队在营地待得太久了（原本应该等待不长一段时间就带领小队独自前往丛林）。"他们的焦虑和怀疑，要通过行动来缓解，"斯坦利写道，"而不是忍受无尽的单调。"尽管斯坦利带着生病的、饥饿的、快死的人穿过丛林是非常恐怖的，但是他们的旅程"充满有趣的事情，就无暇想东想西"。斯坦利用工作预防精神疾病：

> 为了避免绝望和疯狂，我必须借助忘我的方式；借助
> 任务带来的乐趣……我觉得奖励对我来说就是知道我的同
> 志们一直都明白：为了共同的感情和目的，我在尽最大的
> 努力与他们绑在一起。这鼓励着我努力在道德方面加强自
> 己，与他们相亲相爱。

斯坦利这种有着冷漠严肃之名的人说"共同的感情"和"相亲相爱"，也许有自利之嫌。毕竟，他说了那句史上最冷的招呼语"利文斯通医生吧，我猜"。连"维多利亚人"也觉得两个在非洲中部碰面的英国人这样打招呼实在生硬得荒谬。但是，根据吉尔的说法，这句台词并非斯坦利所说。它首次出现在斯坦利发给《纽约先驱报》的一篇新闻稿上，写于一次会议后。它没有出现在两个当事人中哪一个的日记中。斯坦利撕去了日记中关键的那页，把对这次邂逅的讲述中断在即将打招呼时。斯坦利，因为不齿于自己在济贫院长大的经历，明显是在事后编造了这句台词让自己显得高贵一些。他总是羡慕英国绅士探险家的冷静，有时为了模仿他们的冷静而把他的探险经历渲染得毫无感情色彩。但是，他缺乏他们的鉴别力和判断力。他们省略或淡化了他们在非洲探险期间使用或遭遇暴力的经历，也省略或淡化他们是采取什么措施维持纪律的。斯坦利却在那些方面大肆夸张，一是为了突出探险的艰险，二是为了让报纸和书更好卖。

结果，斯坦利得到了一个坏名声，即他所处时代最暴力、

最严厉的探险家，但实际上他对非洲人不同寻常的仁慈，即使与温和的利文斯通相比，他也称得上仁慈，正如吉尔论证的那样。就斯坦利所处的时代而言，他显然没有种族偏见。他能流利地说斯瓦希里语，终生与非洲同伴保持着联系。他严惩虐待手下黑人的白人军官，禁止手下对当地村民使用暴力（也禁止手下以其他方式伤害当地村民）。尽管斯坦利在谈判和礼物不管用时也使用武力，但是说他用枪开辟了横跨非洲的道路绝对是虚构。他的成功之处不在于他对战斗的逼真描绘，而在于他在最后一次探险结束后总结出来的两条原则：

> 我从身临险境的实际压力中学到，第一，自制力比火药更不可或缺；第二，如果对要打交道的原住民没有发自内心的真正同情，就不可能在旅途中的各种挑衅面前保持长久的自制力。

正如斯坦利认识到的那样，自制不是自私。意志力让我们与他人友好相处，克服基于个人短期利益的冲动。这一课，海军海豹突击队的队员在魔鬼训练周里也学到了。魔鬼训练周的残酷程度堪比斯坦利的非洲探险，队员每天的睡眠不足 5 小时，其余时间不停地跑步、游泳、攀爬、颤抖。根据海豹突击队军官埃里克·格雷滕斯（Eric Greitens）的说法，一般而言，每个海豹班至少有四分之三的人完成不了训练，通过考验的人不一定是肌肉最多的人。回忆起在魔鬼训练周中与他一起通过考验的人，他指出大家有个共同品质："他们会超越自己的痛苦、收起自己的恐惧，问：我要怎么帮助旁边的人？他们有的不只是勇气和体力之'拳'，还有一颗想着他人的足够宽容的心。"

纵观历史，最常用来指导人们不自私的工具是宗教教义和戒律，今天，这些工具对指导人们自制仍然有效（我们下章会详细讨论这个话题）。但是，如果你并不是宗教信徒呢，就像斯坦利一样？他很早就不再相信上帝相信宗教（他把原因归结为目睹了美国内战期间的屠杀），之后就面临一个令其他"维多利亚人"苦恼的问题：没有了传统的宗教约束，人们如何能保持道德？很多声名显赫的非信徒，像斯坦利一样，当众喊着宗教口号的同时，也在寻找其他世俗方法来灌输责任感。在伊图里丛林的艰难跋涉中，他用他最喜欢的一句诗劝告手下，这句诗来自坦尼森（Tennyson）的《惠灵顿公爵挽歌》（*Ode on the Death of the Duke of Wellington*）：

> 美丽的小岛故事常常提到，
> 责任就是通往荣耀的大道。

斯坦利的手下并非总能理解他的苦心（当中有些人认为坦尼森的诗太过时了），但是他的方法体现了一个有效的自制策略：专注于高尚的想法。最近，纽约大学的藤田健太郎（Kentaro Fujita）及其硕士论文导师雅各布·特罗普（Yaacov Trope）领导的研究团队检验了这个策略的效果。他们使用多种办法测试被试者的思维水平。高级水平的思维重视抽象概念和长期目标，低级水平正好相反，侧重关注具体行为和短期目标。例如，让被试者反思自己为什么做某件事，或者反思自己如何做某件事。"为什么"这个问题让思维处于高级水平、聚焦于未来。"如何"这个问题让思维处于低级水平、聚焦于现在。另外一个测试办法是，给被试者一个概念，例如"歌手"，诱导被试者思考其外延含义。为了诱导出高级水平的思维，研究者问被试者："歌手是什么的一个例子？"对比之下，为了诱导出低级水平的思维，研究者问被试者："歌手的一个例子是什么？"这样，答案就会推动被试者更抽象或更具体地思考。

对思维水平的这些操纵与自我控制没有内在关系。然而，在高级水平思考的人，自制力增强了，在低级水平思考的人，自制力减弱了。不同的实验使用了不同的测评方式，但是结果是一致的。进行高级水平的思考后，被试者更有可能放弃即时小奖励而选择未来的大奖励，在手握测验中坚持得更久。结果表明，狭隘的、具体的、眼下的焦点不利于自我控制，而广阔的、抽象的、长远的焦点有利于自我控制。就是因为这个以及其他一些原因，信教的人在自制力测验上得分相对较高，像斯坦利一样不信教的人可以从其他高尚想法和崇高理想中获益。斯坦利总是把对个人荣耀的渴望和与人为善的愿望结合在一起，正如他想象中的母亲临终前告诉他的一样。当他亲眼看到阿拉伯人和东非人不断扩大的奴隶贸易造成的破坏，他像利文斯通一样找到了自己的事业。自那以后，他认为自己的终身使命就是终结奴隶贸易。

最后，支撑斯坦利顶着来自家人、未婚妻和英国当局的反对走出丛林的，是他阐明了的信念——自己在执行一项"神圣的任务"。按照现代标准来看，他的虔诚显得造作，不过他是真诚的。"派我到世上，不是为了享福，"他写道，"而是为了执行特殊任务。"沿着刚果河顺流而下期间，他一本正经地给自己写劝勉词，像"我恨邪恶，我爱善良"。途中，两个最亲密的同伴淹死了（令他沮丧不已），他自己快饿死了（而且好像没有希望找到食物），在这个最艰难的时刻，他用能想到的最高尚的想法安慰自己：

> 我这个可怜的身体受了很多苦……它垮了、痛了、累了、病了，被身上的担子压得几近趴下；不过，这不过是我的一小部分自我。我的真正自我还完好无损，当恶劣的环境每日折磨着我的身体，它却在傲视这样的环境。

斯坦利在绝望的时候屈服于宗教、想象自己有了灵魂吗？也许。但是，考虑到他终生的挣扎，考虑到他为了在蛮荒之地保存力量所用的策略，我们觉得他的脑中有更世俗的东西。正如破石者看到的那样，他的"真正自我"就是他的意志。

第 8 章

超能量帮克莱普顿和卡尔戒酒？

圣母啊，听我哭泣，

我咒骂了你上千次。

我感到怒火在灵魂中咆哮；

圣母啊，控制不了。

——埃里克·克莱普顿，歌曲《圣母》(*Holy Mother*)

要是你一年前跟我说……我最终会在忏悔室里低声诉说我的罪孽或者跪着诵经，我一定会笑自己傻。更有可能的消遣？钢管舞、国际间谍、贩毒、暗杀。

——玛丽·卡尔 (Mary Karr)，回忆录《点亮》(*Lit*)

埃里克·克莱普顿经常闹自杀，其中有很多次让他没自杀成的，不是对财富、名气和音乐的留恋，而是一个念头：如果自杀了，他就再也不能喝酒了。酒是他永远的最爱，他还爱可卡因、海洛因等任何可以弄到手的毒品。他近40岁时首次在黑泽尔登（Hazelden）诊所戒瘾，其间发作过一次癫痫，因为他没有提醒医护人员他一直在服用安定——他认为这是"女人用的药物"，不值一提。

那次戒瘾之后，克莱普顿保持了几年不碰酒。然后，一个夏夜，在英格兰他家的附近，他开车经过一个拥挤的酒吧时有了一个想法。"我的选择性记忆告诉我，夏夜站在酒吧吧台前，喝上一大杯啤酒加柠檬，就是置身于天堂啊。我选择不记得我拿着一瓶伏特加、一克可卡因和一支短枪考虑自杀的那个夜晚。"

他要了啤酒，很快就找回狂饮和自杀的感觉。在一个情绪特别低落的夜里，他开始创作《圣母》——一首向神求助的歌曲。他毁了他的事业、他的婚姻，可他就是不能不喝酒，即使在一次醉酒驾车事故中严重受伤。儿子的出生激发他再次去了黑泽尔登。但是，在这次戒瘾疗程即将结束之际，他仍然觉得没有能力抵制酒。

"我总想着喝酒，"他在自传《克莱普顿》（*Clapton*）中写道，"我彻底地恐惧，完全地绝望。"一个晚上，他独自一人待在戒瘾所的房间，恐慌发作，于是跪到地上、祈求帮助。

"我不知道我认为自己在和谁说话，我只知道我山穷水尽了，"他回忆道，"我无计可施了。然后，我记起了我听说过的投降故事，我以为我绝不会投降，我的骄傲不允许我投降，但是我知道我不能仅靠自己就做到，所以我跪下来祈求帮助，我投降了。"他说，从那一刻开始，他从未认真考虑再喝一次酒，即使在必须确认儿子尸体的那恐怖的一天——他的儿子康纳在纽约从 53 层楼高的地方掉下来摔死了。

那个晚上在黑泽尔登，克莱普顿的自制力突然大大增强。但是，他是如何获得自制力的？这一点很难解释，比他是如何丧失自制力的更难解释。他的酗酒问题可以用准确的生理学术语加以描述。与大众的刻板印象相反，酒精并不加强你做蠢事坏事的冲动；相反，它只是撤去对冲动的克制。它降低自制力，靠的是两条途径：降低血糖水平，降低自我意识。因此，它主要影响那种引发内心冲突的行为，也就是你的这部分自我想做、那部分自我不想做的行为，比如与错误的人发生性关系、大手大脚花钱、打架，或者一杯又一杯地喝酒。漫画家通常这样描绘内心冲突：好天使站在这边肩膀上，坏天使站在那边肩膀上，互相吵个不停。但是，你喝了几杯酒后，它们就不吵了，好天使歇班了。你需要尽早干预，在狂饮开始前就阻止狂饮。这件事在黑泽尔登那样的地方是没问题的，有工作人员替你做。但是，是什么让你突然有了力量独立做这件事？为什么克莱普顿决定"投降"后就有了更强的自制力？

"无神论者很有可能说，不过是态度变了，"他说，"在某种程度上，那是真的，但是真相远远不止于此。"自那以后，他每天早晚都祈求帮助，而且是跪着，因为他觉得他需要放低自己。为什么跪下祷告？"因为有用，就那么简单。"克莱普顿说。他的这个发现，新享乐主义者已经提了几千年。效果有时立竿见影，就像克莱普顿或者圣奥古斯丁一样，他们说听到上帝直接命令他们戒酒，"所有犹疑立马都消失了"。

然而像玛丽·卡尔那样超级愤世嫉俗的无神论者可没那么容易接受上帝的命令。卡尔是《说谎者俱乐部》（*The Liars' Club*）的作者，这本畅销书是她的回忆录，讲述了她在东得克萨斯一个炼油小镇的成长经历。根据回忆录的说法，她结过 7 次婚的母亲是个酒鬼，有次喝醉了之后，烧了她的玩具，想把她刺死。卡尔长大后，成了一位成功的诗人，也有了酗酒问题。在一次狂饮导致她把汽车开到了高速公路对面后，她下决心戒酒，老实听从 AA（Alcoholics Anonymous，戒酒互助协会）

的建议去寻找超能量。她在地板上铺了块垫子，生平第一次做祷告——至少是卡尔版的祷告。她能想出的最佳祷告语是："超能量，你他妈的去哪儿了？"她仍然不相信神，但是她确实为了戒酒决定每天晚上做祷告。正如她在回忆录《点亮》中写的那样，一周后，她丰富了每晚的祷告，列出她心怀感激的其他东西，然后提及她想要的一些东西，比如钱。

"我的祷告要整整 5 分钟才做完，"她回忆说，"这么说好像不可思议，但是我还要说，有生以来我第一次大约一周都完全不想喝酒。"她继续怀疑超能量，而且，听到其所在 AA 的另外一个成员催促她"投降"时她抗议说："如果我不相信上帝呢？这就好比让我坐在一个塑料模特面前，对自己说'爱上他'。你无法用意志力控制你的感受。"宗教是那么非理性，然而有一次，她去参加纽约文学界在摩根图书馆举办的鸡尾酒会，当发现自己极其渴望喝上一杯时，她就逃到女厕所，走进一个小隔间，非理性地跪下来祈祷："请让我远离酒精。我知道我一直没有真的求过您，但是我真的需要远离酒精。求您，求您，求您。"就像克莱普顿一样，祷告对她有用："一直在我脑袋里唠叨不停的那个声音突然消失了，就像有个魔法师念了一通咒语把它变没了一样。"

无神论者可能很难理解那个魔法，我们也对其存有疑惑。[1]（我俩都是不称职的基督徒，很少花时间对任何超能量做祈祷，

---

[1] 这里的"我们"以及后面括号里的"我俩"专指本书的两位作者。——译者注

无论是在家里还是在教堂。）但是，分析数据之后我们就不难相信，12 步康复法和宗教礼拜中有某种力量在起作用。尽管很多科学家怀疑灵修，而且心理学家出于某些原因一直特别怀疑宗教，但是自我控制研究者不得不为它们的实际效果而折服。社会科学家即使无法接受超自然信念，也意识到宗教对人类有着深刻的影响力，特别是，数千年来宗教对促进自我控制都非常有效。AA 要是没有做什么好事，就不会吸引到几百万像埃里克·克莱普顿和玛丽·卡尔那样的人。相信超能量，你的自制力就真的会更强吗？还是因为别的某个东西——某个连非信徒也能相信的东西？

AA 的秘密

除了有组织的宗教以外，AA 很有可能是史上最大的自我控制促进项目。AA 吸引的问题饮酒者，超过了所有专业临床项目加起来吸引的人，而且很多专业治疗师定期把来访者送到 AA。然而，社会科学家仍然不确定 AA 到底做了什么。没有系统的记录，就很难研究分散型组织：AA 各分会自主运营，而且协会成员（理所当然）保持匿名。各地方分会都遵守同样的 12 步康复法，但是 12 步康复法并没有经过系统的设计——最初之所以选为 12 个步骤，是为了匹配耶稣门徒的数目。研究者想至少每次检验一步，看看到底是哪一步有效（如果有的话）。

AA成员喜欢把酗酒比作糖尿病、高血压、抑郁症或者老年痴呆症之类的疾病，但是这样类比是有问题的。诚然，酗酒有生理原因——有些人天生就容易染上酒瘾，但是去AA完全不同于去医院。糖尿病患者和高血压患者治病，不是围成一圈坐着鼓励彼此。正如各种怀疑者观察到的那样，临床医生并不认为，一群抑郁者聚在一起有助于缓解各自的抑郁。人们生病，大多不是因为自愿搞坏身体，也没人能突然下决心绝对不得心脏病或老年痴呆症。酗酒更复杂，正因为复杂，AA研究所得的结果才相互矛盾，让研究者困惑不已。有些人说，因为缺乏一致的证据，AA的效果是存在疑问的；另外一些人说，研究者就是想不出办法把所有相互混淆的变量的效果分离开来。

AA的守卫者指出，经常参加AA集会的酗酒者往往比不经常参加AA集会的酗酒者喝酒少，但是批评者指出，两者谁是因谁是果并不清楚。经常参加集会让人更有可能戒酒，还是戒酒让人更有可能经常参加集会？也许那些酒瘾复发的人不好意思继续在AA现身，或者，也许仅仅是他们刚开始时就动机更弱、心理问题更多。

尽管有着这些不确定因素，但是研究者仍然找到了一些表明AA有用的证据。研究者若是想知道两件相互关联的事情是哪件引起了哪件，有时就试着跟踪两件事情一段时间，看看哪件事情先出现——假定因果链是在时间轴上展开的，因在前果在后。跟踪调查了2000多个有酗酒问题的男子两年后，斯坦福大学的约翰·麦凯勒（John McKellar）领导的研究团队得出结论说：参加AA集会导致日后酗酒问题减少（不是相反的情况——他们没有发现表明有酗酒问题导致日后更有可能参加AA集会的证据）。此外，男子最初的动机水平和心理问题的严重性被考虑进去后，AA的效果依然存在。其他研究者用类似方法得出结论说，参加AA至少比什么都不做更有效。AA成员的戒酒失败率是高的——对他们来说，周期性复发是正常的，但是他们往往会重新戒酒。实际上，参加AA至少与接受专业酗酒治疗一样有效。

20世纪90年代的一个大规模研究项目MATCH检验了一个理论：所有疗法都有用，但并非对每个人都同样有用。有些人参加AA更好，有些人接受专业治疗更好。研究者让一些酗酒者参加AA，让另外一些酗酒者接受专家实施的认知行为治疗或者动机增强治疗。研究者给一些酗酒者随便指定了一个疗法，给另外一些酗酒者匹配了一个应该对其有最佳效果的疗法。花了几年时间和几百万美元后，研究者最后发现：所有疗法大致同样有效；匹配最佳疗法的做法并没起到额外的效果。（实际上，研究者甚至不清楚是否任何一种疗法都好于什么也不做，因为MATCH项目没有设置什么治疗也没做的对照组，没办法知道是否人们只靠自己也一样好。）

然而，总而言之，与昂贵很多的专业治疗相比，AA至少一样好，如果不是更好的话。即使研究者没有弄清AA到底做了什么，我们也可以指出AA在哪些方面起作用——这些方面都是我们熟悉的。我们知道自我控制的第一步是设置标准或目标，而且，我们可以看到AA帮助人们设置清晰的、可实现的目标：今天不喝酒。AA的口号是"一次（戒）一天"。自我控制依赖监控，在监控这方面AA也起作用。成员一连几天不碰酒，就会获得AA发放的奖章；他们每次站起来发言，往往先说自己多少天没碰酒了。成员还选择保证人，定期甚至每天与保证人联系——这也非常有助于监控。

还有其他一些解释参加AA集会与少喝酒相关的理论，其中不太振奋人心的一个理论是"仓储"说。"仓储"最初是一些怀疑高中教育功能的社会学家在解释高中的所作所为时使用的一个术语。他们把学校看成一种仓储，白天储藏孩子，让孩子远离麻烦，所以其好处与其说来自教室里发生什么，不如说来自教室外不发生什么。出于类似的逻辑，晚上参加AA集会，就没有时间喝酒。我们认为，仓储说不可能解释AA的所有甚至大部分好处，但是它无疑是AA起作用的一条途径。

另外一个比较令人振奋的解释是，集会提供社会支持。像其他人一样，酒精上瘾者和毒品上瘾者都能为了被社会接纳而展现出惊人的自制力。实际上，他们最初之所以染上酒瘾或毒瘾，往往就是因为渴望同伴的认可。第一次抽烟或喝酒，大多数人并不愉快。第一次给自己注射海洛因，真的需要自制力。青少年不顾一切——自己的恐惧、父母的警告、身体的痛苦、坐牢或死亡的可能性，因为他们坚信，为了被社会接纳，他们不仅需要冒险，而且需要用一种看似满不在乎的超酷方式冒险。他们运用自制力克服抑制反应，运用更多自制力隐藏负面感受。年轻的埃里克·克莱普顿跟朋友去英格兰乡下参加爵士音乐节，在一个酒吧喝了很多酒，然后在桌子上跳舞——那是他最后的记忆，他第二天早上醒来并不知道自己身在何处。

"我没有钱，把屎尿拉到自己身上了，全身都是呕吐物，不知道自己在哪儿，"他回忆说，"但是，真正疯狂的是，我迫不及待地把一切事情又做了一次。我认为，整个饮酒文化有某种超脱世俗的东西，喝醉能让我加入一个陌生的、神秘的俱乐部。"

这是同伴压力的消极面。积极面来自渴望同伴（像帮助克莱普顿和卡尔戒酒的AA成员）的容纳和支持。从根本上说，AA集会中的人也许比12步康复法或者超能量信仰重要得多。甚至，他们也许就是超能量。

他人的影响：你要去天堂还是地狱

有一项最新最具雄心的酗酒研究，研究者是马里兰大学的卡洛·迪克莱门特（Carlo DiClemente）带领的研究团队，被试者是巴尔的摩地区一群正在接受酗酒治疗的人。其中很多人曾被法院勒令接受专业治疗，否则就进监狱，所以他们不是理想样本，不能很好地代表想戒酒的人。他们也许只为了不进监狱而敷衍着接受专业治疗。研究者考量了多种多样的心理变量，然后紧密跟踪了被试者几个月，以验证一系列假设。最后，很多假设都没有得到证明。但是，研究者确实分离出一个重要的外部因素来预测被试者能否一直不碰酒、酒瘾偶犯会有多严重——是狂饮还是喝一两杯就管住自己不再喝。研究者问被试者是否联系了他人帮助他们避免喝酒，发现比较擅长争取他人帮助的被试者最后戒酒效果最好。

社会支持是一种特殊的力量，它可以从两个途径起作用。大量研究表明，孤单地活在世上是有压力的。与社交网络丰富的人相比，独居者和孤独者几乎在每种心理疾病和生理疾病上的发病率都更高。其中部分原因在于有心理问题或生理问题的人所交朋友更少，确实，有些原本打算与他们交朋友的人也可能因为他们表现出的适应不良而吓跑。但是，仅仅是独居或者孤独也会导致问题。缺少朋友，就比较容易酗酒、吸毒。

然而，并非所有社会支持都是一样的。有朋友，也许对你的身心健康极好。但是，如果你的朋友都又酗酒又吸毒，那么他们也许帮不了你克制自己的冲动。例如，19世纪的美国有个社交习俗叫"烧烤定律"（barbecue law），具体含义是所有参加烧烤聚会的男子都要不醉不归。拒绝喝酒，就是对主人以及其他参加聚会之人的严重侮辱。较近一些，很多研究发现，有朋友的鼓励，人们喝得更多。与酗酒问题或吸毒问题做斗争的人，需要他人帮助自己不喝酒或不吸毒。正是因为这一点，AA那样的团体是极其有益的。酗酒者大半辈子生活在饮酒者中间，想象不到另外一种同伴压力会带来什么好处。克莱普顿直到身陷黑泽尔登才开始求助于其他想戒酒的人。卡尔第一次尝试戒酒时，去教会参加过一些AA集会，但是刚开始看到那些杂乱的人群、听到那些诚挚的故事时，她犹豫了。

她一直远远地观望着，直到有次喝得特别高。之后，她听从了AA的建议，选了AA的一个成员——波士顿的一个资深学者——做她的保证人，也就是她的私人顾问。保证人每天都跟她谈超能量，虽然她没有耐心听，但是谈话仍然起到了效果："我每周几个晚上去教堂地下室参加集会，在她的帮助下，我两个月没喝酒。我付出了很大努力才取得这个成果，可是这个成果没有给教堂地下室外面的任何人留下印象。"找保证人喝咖啡庆祝两个月不碰酒的胜利时，卡尔抱怨了AA中的失败者和懒惰者以及他们的"精神垃圾"（spiritual crap）。然后，保证人建议她换种方式看待超能量以及教堂地下室的团体。卡尔是这么回忆的：

"她说，这儿有一群人。他们人数比你多，收入比你多，体重比你高，因此——经过简单的计算——他们是一股比你强大的力量。他们当然比你更了解戒酒……如果你有问题，那么让团体来解决吧。"

团体的部分力量来自于AA成员们对彼此遭遇的聆听。在新人看来，AA集会好像不得要领，因为大部分发言者只是轮流讲述自己的故事而不是回应彼此、提供建议。但是，讲故事的举动强迫你组织你的想法、监控你的行为、讨论你的目标。你的目标一旦大声说出来了，可能就显得更真实，特别是在你知道听众会监控你的时候。最近一项以认知疗法接受者为被试者的研究发现，在他人（特别是爱侣）面前表明决心，会更有可能坚守决心。不过显而易见的是，对治疗师保证你会少喝酒，不如对配偶保证更有效，毕竟，你的配偶是那个闻你口气的人。

为了弄清同伴压力到底有多大，或者说为了弄清团体力量到底有多强，经济学家研究了一群从某非营利性组织获得了贷款的智利人，包括街头小贩、女裁缝师等低收入"小业主"。这些人（大多是女人）每一两周聚一次，接受培训，互相监督还款情况。经济学家费利佩·卡斯特（Felipe Kast）、斯蒂芬·迈耶（Stephan Meier）和迪娜·波梅兰兹（Dina Pomeranz）把这些人随机分配到不同的储蓄项目中。一些人只得到了一个免费储蓄账户；另外一些人除了账户外，还得到一个机会——定期集会，宣布储蓄目标，讨论储蓄进展。有同伴监督的人，存下的钱几乎是其他人的两倍。这一结果似乎证实了团体的力量，但是这个力量来自哪里呢？"虚拟同伴团体"可以起到这些效果吗？在一个后续实验中，智利女子没有集会大声讨论储蓄进展，而是定期收到报告她们自己以及团体里其他人每周进展的短信。令人惊讶的是，这些短信好像与集会一样有效，显然是因为短信用虚拟形式提供了同样的关键好处：定期监控，以及拿自己与同伴做比较的机会。

很长一段时间以来，吸烟一直被视为由吸烟者的大脑和身体的强烈冲动引起的生理强迫症。所以，2008 年，《新英格兰医学期刊》发表了一篇表明戒烟似乎会在熟人之间传染的研究后，引起了极大的轰动。研究者尼古拉斯·克里斯塔基斯（Nicholas Christakis）和詹姆斯·福勒（James Fowler）发现：如果夫妻中的一方戒烟了，那么另外一方戒烟的可能性会显著提高；如果一个人的兄弟姐妹或朋友戒烟了，那么这个人戒烟的可能性也会提高；连同事也有很大影响，只要是在很小的公司一起工作。

吸烟研究者一直对少有人吸烟的人际圈子特别感兴趣，他们猜测那少数几个吸烟者的烟瘾一定很大。确实，有个流行理论认为，每个可以轻松戒掉香烟的人差不多已经戒烟了，剩下的就是一些烟瘾很大、无论怎样也戒不掉的人。但是，各种证据一次又一次推翻了这个理论。尽管有些人自诩能够坚持"出淤泥而不染"，但是生活在非吸烟者中间的吸烟者与生活在吸烟者中间的吸烟者相比，前者戒烟成功率更高，这再次证实了社会影响和社会支持对戒烟的效果。肥胖研究也发现了社会影响对减肥的效果，我们稍后会讨论到。

神圣的自制力

如果你在定期参加宗教集会，祈祷神明让你活得更久，那么你很有可能如愿以偿。甚至，你到底向哪个神明祈祷似乎并不重要。根据心理学家迈克尔·麦卡洛（Michael McCullough，他本人并非虔诚宗教徒）的说法，任何一种宗教活动都会延长你的寿命。他做了一个元分析，这个元分析涉及了至少三四十项研究，这些研究询问了人们的宗教虔诚度并跟踪调查了人们一段时间。结果发现，不信教的人死得更早，而且，同年出生的人，与不信教的人相比，积极参加宗教活动的人仍然活着的可能性要高 25%。这个差异非常大，特别是在用生死来衡量的时候，而且这个结果（发表于 2000 年）后来得到了其他研究者的证实。有些长寿者无疑喜欢认为，神明直接回应了他们的祈祷。但是，社会科学家并不欢迎神明干预说，因为这种说法很难在实验室加以检验，他们找到了更世俗的原因。

与不信教的人相比，信教的人较不可能形成醉酒、抽烟、乱性、吸毒之类不健康的习惯。他们更有可能系安全带、看牙医、服用维生素。他们有更好的社会支持系统，而他们的信仰有助于他们在心理上应对不幸。他们有更强的自制力，正如麦卡洛及其在迈阿密大学的同事布莱恩·威洛比（Brian Willoughby）最近分析了 80 多年间几百个有关宗教和自我控制的研究后得出的结论一样。他们的分析于 2009 年发表在心理学领域最权威、最严格的杂志之一《心理学公报》（*Psychological Bulletin*）上。宗教的某些好处并不让人惊讶，比如，促进家庭稳定、社会和谐，之所以有这些好处部分原因就在于，某些价值观一旦被人与神（不管是哪个神）的意志联系起来就显得更加重要。宗教还有一些较不明显的好处，比如，有人发现宗教有助于减轻人们在不同目标或不同价值观之间的内心冲突。正如我们前面指出的那样，相互冲突的目标妨碍自我调节，所以，宗教好像给信徒提供了更清晰的优先次序，减轻了这样的问题。

更重要的是，宗教还有利于增强自我控制的两个要素：意志力和行为监控。早在 20 世纪 20 年代，研究者就报告说，在主日学校①花时间更多的学生，在实验室自律测验中得分更高。不管是根据父母的评分还是根据老师的评分，虔诚信教的孩子冲动性相对较低。我们不知道有没有哪个研究者专门考察过经常做祷告或进行其他宗教活动对自我控制的影响，但是这些仪式应该像其他曾被研究过的练习（强迫自己坐直、强迫自己用语准确等）一样能够增强意志力。

另外一个宗教活动——冥想，往往涉及有意识地努力调节注意力。刚刚练习坐禅的人，为了静下心来，往往会数自己的呼吸一直数到十，然后重新从一数到十，一遍又一遍循环往复。思想会非常自然地走神，所以让思想集中起来关注自己的呼吸，有助于约束思想。念经（不管念诵哪个宗教的经文）也是一样的。神经科学家观察处于祷告或沉思之中的人，看到对自我调节和注意力控制都重要的两个脑区活动强烈。心理学家阈下呈现（飞快闪现，让被试者只在潜意识层面知道自己看见了什么）宗教单词，有了一个发现：如果呈现的是 God（上帝）、Bible（圣经）之类的单词，那么被试者识别 drugs（毒品）、premarital sex（婚前性行为）之类与诱惑有关的单词或词组的

①　主日学校是星期日对儿童进行基督教教育的场所。——译者注

速度就会变慢。"看起来就像人们把宗教与压制这些诱惑联系了起来。"麦卡洛说。他暗示祷告和冥想是"一种增强自制力的厌氧运动"。

宗教信徒定期强迫自己中断手头事务做祷告，培养了自制力。有些宗教，像伊斯兰教，要求教徒每天在固定时间做祷告。很多宗教规定了斋戒期，像犹太教的赎罪日、伊斯兰教的斋月和基督教的大斋节。宗教规定了特别的饮食模式，像清真食物或者素食。有些礼拜和冥想要求信徒很长时间保持一个特别姿势（像跪着、盘坐），这个特别姿势一般是不舒服的，要保持下去只有依靠自制力。

宗教还有利于增强自我控制的另外一个要素——行为监控。一般而言，信教的人觉得上帝或者其他神明在看着自己，注意着自己的所作所为、所思所想，甚至知道自己行为背后最隐秘的原因。要是自己因为错误的原因做了貌似正确的事情，那是轻易糊弄不了上帝或者其他神明的。马克·鲍德温（Mark Baldwin）及其同事做了一项引人注目的研究：让本科女生在电脑屏幕上阅读一段明显有性意味的话，然后让其中一些女生下意识地看教皇的照片，最后让所有女生对自己评分。结果，天主教女生（这些女生接受教皇的宗教权威，看到教皇就会想起上帝的戒律）对自己的评价比较负面，这大概是因为她们的潜意识记下了教皇的形象，进而为看了色情读物（还有可能乐在其中）而惭愧。

不管是否相信某个无所不知的神明，信教的人往往十分清楚自己被很多双眼睛盯着——这些眼睛属于所在宗教团体的其他成员。定期去礼拜堂，他们就感受到一种压力：必须根据团体规范控制自己的行为。即使在教堂外边，信教的人也经常与其他信教的人待在一起，进而觉得自己要是有不良行为就会被人注意、反感。宗教增强监控的另外一条途径是仪式，这里的仪式是专指那些要求人们反思自己的道德过错以及其他过错的仪式，例如，天主教的告解圣事、犹太教的赎罪日。

当然，连刚开始的入教也需要一些自制力，因为入教就必须做礼拜、记祷词、守规矩。研究者之所以发现信教的人自制力较高，一个原因就是样本有偏。信教的人，刚开始的自制力就高于一般人。但是，即使考虑了那个因素，研究者仍然看到有证据表明宗教会提高自制力，而且很多人本能地得到同一结论——正是因为这一点，他们想增强自制力时就会入教。其他人在遇到麻烦时会重拾儿时学到的信仰，但是过后就会放弃。他们重新信教，也许部分是因为他们隐约觉得：要是他们过去的生活方式更恰当的话，他们也许就不会碰到现在的问题（酗酒、吸毒或债务）。但是，除了最初的后悔之外，他们最后可能认识到了：宗教的约束会帮助他们回到正轨。

一直是无神论者的玛丽·卡尔，最后彻底投降，接受洗礼成为天主教徒，甚至熬过了圣伊格内修斯（St. Ignatius）灵修——一系列高级的、严格的、耗时的祷告和冥想。显然，她走的路并不适合每个人。即使你愿意仅仅为了提高自制力而皈依天主教或者其他宗教，你也很有可能因为并不真心地信教而享受不到宗教的大部分好处。心理学家发现，因为外因参加礼拜的人，比如想给别人留下好印象，或者想结交人脉，并没有真正的信徒那么高的自制力。麦卡洛下结论说：信徒的自制力不仅来自担心神明谴责，而且来自恪守宗教价值观，这套价值观让他们的个人目标有了神圣的光环。

他建议无神论者寻找自己的一套神圣价值观。它可能是立志帮助他人，就像亨利·莫顿·斯坦利把终结奴隶贸易当作自己在非洲的神圣使命一样。它也可能是促进他人健康，或者传播仁道，或者为下一代保护环境。在传统宗教衰落了的发达国家，环保主义特别强大，这很有可能并非偶然。献身上帝似乎让位于尊重自然的美丽和卓越。环保分子的"少消费少浪费"理念，正在像宗教训诫或维多利亚启蒙书一样教孩子如何自制。世俗的绿色似乎正在本能地用一类自律替换另外一类自律，用一种规则替换另外一种规则：有机替代（犹太）洁净①，可持续性替代救赎。

绝非偶然的是，有些人把《圣经》抛在一边，最后买了很多宣扬新的生活规则的书。他们收起了"十诫"，以"七个习惯"或"12步"或"八圣道"（Eightfold Path）取而代之。他们即使不相信摩西的上帝，也喜欢十诫的思想。这类规则和教条也许打动不了你——甚至让你紧张——但是不要以为它们只是无用的迷信而拒绝它们。你还可以用另外一种方式看待这些规则，

---

① "（犹太）洁净"的英文原文是"kosher"，意思是符合犹太教教规的、清洁的、可食的。——译者注

这种方式带有足够多的统计图表、数学博弈理论和经济学术语，能够取悦最世俗的科学家。

明线

当埃里克·克莱普顿在那个夏夜酒瘾复发，开车经过一个酒吧情不自禁地下车进去喝酒时，他被名为"双曲线贴现"（hyperbolic discounting）的东西毁了。解释这个概念，最准确的方式是用图表和双曲线，不过我们想用一个生动的比喻（混着一则古老的寓言）。

这么想吧，那个周六晚上的埃里克·克莱普顿是一个忏悔的罪人，正在通往救赎的路上，就像 17 世纪的寓言《天路历程》（*Pilgrim's Progress*）中的主角。假设他也在走向一座圣城。走在空旷的乡间，他可以看见远方圣城的金色尖顶；盯着那个目标，他一直向前走着。这个晚上，他看向前方，注意到一个酒吧。酒吧的位置很讨巧，就在马路拐弯处，直面旅客。从这个距离看来，酒吧像座小楼，背景里的金色尖顶依然较大。但是，随着朝圣者埃里克走近酒吧，酒吧显得越来越大；当他到达酒吧，酒吧已完全挡住了他的视野。他不再能看到远方的金色尖顶。突然，圣城显得远远不如这座小楼重要。就这样，随着朝圣者踏上酒吧的地板，他的步伐终止了。

那就是双曲线贴现的结果：当诱惑还很遥远，我们可以忽略诱惑；但是，当诱惑就在眼前，我们就会头脑发昏，忘掉长远目标。还记得前面多次提过的那个让被试者在即时小奖励和未来大奖励之间选择的方法吗？著名精神病学家兼行为经济学家乔治·安斯利（George Ainslie）和退伍军人事务部（Department of Veterans Affairs）把这个方法加以改造用于实验，弄清了双曲线贴现的机制。例如，如果你赢了彩票，可以选择6年后获得100美元或者9年后获得200美元，你会怎么选择？大部分人会选择200美元。但是，如果选项变成今天获得100美元或者3年后获得200美元，你会怎么选择？如果是理性折现，那么人们会再次应用同样的逻辑得到同样的结论，即为多得100美元多等3年是值得的。但是，实际上，大部分人这次选择了今天获得100美元。立即兑现这一诱惑强烈扭曲了我们的判断，所以我们非理性地贬低未来奖励的价值。安斯利发现，随着我们距离短期诱惑越来越近，我们折现未来的倾向沿着双曲线滑动。正是因为如此，所以这个缺点叫作双曲线贴现。随着你贬低未来的价值（像佛蒙特州那些只能想到未来1小时之内的海洛因成瘾者一样），你就不再在意是否宿醉到明天，不再在意余生都不碰酒的誓言。现在，与在酒吧及时行乐相比，那些未来收益显得微不足道。停下来喝一杯有什么坏处呢？

　　当然，对很多人来说，停下来喝一杯是没坏处的，就像有些人（不是很多人）可以在一次派对上享受一根香烟、接下来几个月再不抽烟一样。但是，如果你是那种一喝起来或一抽起来就控制不了自己的人，那么你不能把那杯酒或那根烟看作孤立事件。你一杯酒都不能喝，即使是在朋友的婚礼上，因为破例喝了第一杯，就会破例喝第二杯，长期下去，你是戒不了酒的。对我们的朝圣者来说，那意味着，如果急急走进乡村酒吧喝上一杯，他就会喝上一杯又一杯，也许就永远走不到圣城。所以，在他太过靠近酒吧并扭曲他的判断以前，他需要有所防备。

最简单的策略也许是，回避酒吧。知道不远处有个酒吧后，他可以绕道而行。但是，他如何能确保自己始终如一地遵守那个策略呢？假设，准备绕过酒吧时，他记起来了，沿着马路继续朝前走，在下个城市，不得不经过一个酒馆。那家酒馆就在一座桥的旁边，这座桥是他走向圣城的必经之桥。他担心，明天晚上到达那个酒馆时，他会屈服于喝酒的诱惑。怀疑自己也许实现不了头脑清醒地走过漫漫长路到达圣城的梦想，朝圣者埃里克开始与自己讨价还价："如果无论如何我明天都会醉，那么现在停下来喝一杯又有什么区别呢？及时行乐！干杯！"想要今晚抵制住喝酒的诱惑，他需要相信自己明天不会屈服于喝酒的诱惑。

他需要"明线"（bright lines）的帮助，这个词语是安斯利从律师那里借鉴来的。明线规则，是明确、清晰、简单的规则。越过明线时，你一定会注意到自己越过了明线。如果你答应自己"适量"饮酒或抽烟，那不是一条明线。它是一条模糊的边界，没有明确指出你在哪个点从"适量"变成了"过量"。边界那么模糊，而你的大脑又那么擅长忽视你的小错，结果，你也许会在不知不觉的情况下越界太远。所以，你无法确信你总在遵守适度饮酒的规则。相反，零容忍是一条明线：完全戒除，任何时候都没例外。它并非适用于所有自我控制问题——节食者不可能一点食物都不吃，但是它在很多情况下行得通。一旦你承诺遵守一条明线规则，那么你的"现在自我"就会相信你的"未来自我"也会遵守它。如果你相信规则是神圣的——上帝定下的戒律，或者说是超能量立下的一条不容置疑的规矩——那么它会变成一条特别明显的明线。你更有理由期望你的"未来自我"尊重它，这样你的信念就变成了一种自我控制：一个自我实现的命令。我认为我不会做，因此我不做。

在黑泽尔登，埃里克·克莱普顿突然发现了那条明线；儿子去世后不久，他主持了一次 AA 集会，再次领教到它的力量。他与其他成员谈论 12 步康复法中的第 3 步，即"把你的意志交给超能量照顾"。他还告诉他们，他在黑泽尔登一跪下来祈求上帝，他的喝酒强迫症就立即消失了。他告诉他们，自那以后，他从未怀疑他戒酒的意志，哪怕是在他儿子去世的那一天。集会过后，一个女人找到他。

"你刚刚拿走我喝酒的最后一个借口，"她告诉他，"我总在心里一个小小的角落保存着那个借口：要是我的孩子发生什么事，我就有理由喝醉。你让我看到了，那不对。"听她这么说，克莱普顿马上意识到，他找到了纪念儿子的最佳方式。不管你把他送给她的礼物叫成什么——社会支持、信仰上帝、相信超能量、明线，那个礼物都让她有了挽救自己的意志。

第 9 章

养出强大的孩子：自尊对自制

你是超级明星，不管你是谁，也不管你来自哪里——你天生就是那样！

——Lady Gaga

坏孩子不是天生的，是造出来的。

——德博拉·卡罗尔（Deborah Carroll），人称德布保姆（Nanny Deb）

多亏了奇迹般的实况电视节目，全美的中产阶层享受了曾经只限于富人享有的一项特权：把照顾孩子的工作外包给英国保姆。就像不幸的家庭各有各的不幸一样，他们也各有各的故事，这类节目——不管是《保姆911》(*Nanny 911*)还是《超级保姆》(*Supernanny*)，每集的基本桥段都是一样的。开头都是孩子在家里满地疯跑——哭泣、尖叫、吐口水、扯头发、丢奶瓶、用蜡笔在被单上乱涂乱画、弄碎玩具、拳打父母、掐兄弟姐妹的脖子。《保姆911》有一集非常经典，这集标题为《恐怖的小屋》，开头是孩子们在爬圣路易斯郊区一座低矮平房的墙。然后，在恰到好处的时候，随着叙事者庄严地宣布"美国父母，救援马上就到"，一个英国保姆出现了。她的穿着打扮处处透着维多利亚风格：黑色裙子、黑色细条纹背心、黑色长筒袜、深紫红色钟形帽以及与之相配的有着金色纽扣和链子的披肩。

事情怎么到了这种地步？

你也许认为节目在夸大孩子的调皮程度，但是制作人会告诉你，因为电视在黄金时段播出，长度有限，所以没有展现一些糟糕至极的场景，像长岛一个 4 岁孩子抬头看着生他的女人说"滚蛋，妈妈"。哪里出错了？人们第一反应是责怪父母，稍后我们会联系圣路易斯那些孩子的父母。但是，把一切归咎于他们或者其他任何寻求国际援助的父母，是不公平的。仅靠美国父母造不出这些调皮的孩子。美国一流的教育家、记者，尤其是心理学家，帮了他们很大的忙。

自尊理论是从心理学层面来造福大众的，其本意是好的，而且起初也确实呈现出了一些发展前景。自尊这个流行主题，鲍迈斯特在职业生涯早期阶段研究了多年。令他印象深刻的是，有研究表明，高自尊的学生成绩好，低自尊的学生成绩差。还有研究揭示，未婚妈妈、瘾君子、罪犯的自尊低。相关系数虽然不大，但在统计学上意义显著。在这些结果的鼓舞下，纳撒尼尔·布兰登（Nathaniel Branden）那样的心理治疗师发起了一场运动。"从焦虑、抑郁到害怕亲密、殴打配偶、猥亵儿童，我想不出哪个心理问题追溯不到自尊低下。"布兰登写道。后来成为加州自尊工作小组主席的戒毒专家安德鲁·梅卡（Andrew Mecca）解释说："实际上，每个社会问题都可以追溯到人们缺乏自爱。"对自尊的这一狂热关注导致儿童教养出现了一个新取向，心理学家、老师、记者、艺术家纷纷向家长推荐这一取向。艺术家当中就有惠特尼·休斯顿，她在 20 世纪 80 年代的热播歌曲《至高无上的爱》(*The Greatest Love of All*) 中总结了这一哲学：没有哪种爱比自爱更伟大。"成功的关键是自尊。"她解释说，要想孩子成功，就要告诉孩子"他们所拥有的一切内在美"。

自尊理论很新，但是极为诱人，为了提高孩子的学习技能，数百万人开始鼓励孩子这么想："我真的擅长……"在家里，父母有事没事就表扬孩子。教练不仅给获胜者发奖，而且给每个孩子发奖。女童子军有个课程叫"独一无二的我"。在学校，孩子们互相讨论最喜欢彼此身上的哪一点。"相互赞美型社会"曾经是个贬义词，但是相互赞美现在是社会规范，年轻人就在这种环境中长大。惠特尼·休斯顿的哲学被Lady Gaga传递给了下一代，后者在一场音乐会上安慰歌迷说："你是超级明星，不管你是谁，也不管你来自哪里——你天生就是那样！"自然，歌迷立即报以喝彩，然后，她高举一个手电筒挥舞着，让电筒的光束来回扫过观众。"嘿，孩子们！"她说，"今晚你离开后，不是更爱我了，而是更爱你自己了。"

所有这些相互赞美练习都足够愉快，理应比传统课程带来更多长期收益。受加利福尼亚州的委托，一个评审小组回顾了几十年的自尊研究，评价了自尊的效果，得到了看似有利的结论。这个综述研究的报告，由伯克利杰出社会学家尼尔·斯梅尔塞 (Neil Smelser) 编辑，他在第一页宣称"社会上泛滥的主要问题，很大程度上在于构成社会的人多是低自尊的"。

他还在后来的一篇新闻价值稍低的文章中指出，令人失望的是，迄今为止看不到真正可靠的科学证据。但是，根据预期，一旦做了更多的研究，就能得到更好的结果，而且，自尊研究可以获得大量研究资金。于是研究继续了下去，最终，受另一个机构的委托，一个评审小组得到了另外一份报告。这次的机构不是像加利福尼亚州那样的政治机构，而是一家科学机构，它就是心理科学协会。要是看到这份报告的结论，惠特尼·休斯顿就不会唱那样的歌了，Lady Gaga 也不会说那样的话了。

从自尊到自恋

评审小组中的心理学家，包括鲍迈斯特，首先搜罗了几千项研究，然后从中寻找水平较高的，最后找到了几百个，包括一项跟踪高中生几年以了解自尊与成绩之关系的研究。是的，自尊较高的学生，成绩确实较好。但是，谁是因谁是果？是高自尊导致了好成绩，还是好成绩导致了高自尊？结果发现，十年级的成绩可以预测十二年级的自尊，但是十年级的自尊不能预测十二年级的成绩。因此，似乎是成绩是因、自尊是果。

在另外一项认真控制的研究中，弗吉尼亚联邦大学的唐纳德·福赛思（Donald Forsyth）想提高所授心理学课上某些学生的自尊。他把期中考试成绩为C或更差的学生随机分为两组，每周给其中一组人提高自尊的信息，给另外一组人中性信息。按道理，每周一次的鼓励应该有助于提高学生的自尊，同时有助于提高学生的成绩。结果，恰恰相反。得到鼓励的那组人，期末考试成绩不仅比对照组差，而且比自己的期中考试成绩还差。他们的平均分从 59 降到了 39——从差一点就及格变成差得无可救药。

还有证据表明，全美学生的自尊提高了但成绩下降了。他们做得更差了，感觉却更好了。在自己的研究中，鲍迈斯特为其观察到的一个现象迷惑不解。他观察到，有些人，像职业杀手和系列强奸犯，事情做得真的很糟，自尊却高得惊人。

回顾了科学文献后，评审小组下结论说，现代人普遍自尊不低，至少在美国、加拿大、西欧是如此（不太了解其他国家，比方说缅甸的情况）。大多数人的自我感觉已经相当良好。尤其是，孩子刚开始都有着非常积极的自我形象。鲍迈斯特家里的趣事，也说明了这一点。他家曾经发生过这样的对话：

> 女儿（4 岁）：我什么都知道。
>
> 母亲：不，亲爱的，你不是什么都知道。
>
> 女儿：不，我是什么都知道。
>
> 母亲：你不知道 36 的平方根。
>
> 女儿（连眼睛都没眨）：所有真的很大的数字，我都保密。
>
> 母亲：它不是一个很大的数字，它只是 6。
>
> 女儿：我早知道。

这段话中，父母并没想提高孩子的自尊。

评审小组还下结论说，高自尊一般并没让人变得更有效率，也并没让人变得更好相处。高自尊的人认为自己比其他人更受欢迎、更有魅力、更会社交，但是客观研究并没发现支持证据。他们的高自尊一般并没让他们在学校或工作中表现更好，也没帮他们远离香烟、酒精、毒品或过早的性行为。尽管低自尊也许与毒品成瘾、青少年怀孕之类的问题有关联，但是那并非意味着低自尊引起了这些问题。情况恰好相反：才 16 岁，就怀孕了，而且海洛因上了瘾，你的自我感觉还能有多好？

根据评审小组的说法，高自尊似乎只有两个证据确凿的好处。第一，它提高主动性，这很有可能是因为它能增强自信。高自尊的人更愿意按自己的信念行动、为自己的信念抗争、接近他人、冒险创新。（不幸的是，这还包括更愿意做愚蠢或有害的事情，即使别人都劝他们别去做。）第二，它让人感觉良好。高自尊就像一家积极情绪的银行，可以提供一般幸福感，当你需要补充自信来应对不幸、赶走抑郁或者从失败中恢复过来，你就可以使用这家银行。这也许有利于某些职业的从业者，像销售员，能让他们从频繁遭拒中恢复过来，但是这种坚持是优点也是缺点。它会让人不理会别人明智的建议，固执地在没有希望的事情上不断浪费金钱和时间。

总的看来，高自尊的收益落在本人头上，成本却摊在别人头上，高自尊的人一般傲慢、自负，这些都让别人不好受。最坏的情况下，自尊变成自恋，即固执地相信自己的优越性。自恋者自以为很了不起，而且沉溺于这种夸大的自我形象之中。他们特别渴望得到别人的赞美（但并不是特别渴望被别人喜欢——他们要的是奉承）。他们期望得到特殊对待，受批评时容易恼羞成怒。心理学家德尔罗伊 · 保卢斯（Delroy Paulhus）让一组人相互评价，结果发现，自恋者似乎是最受欢迎的人，但是仅限于最初的几次见面。几个月后，他们通常变成了最不受欢迎的人。上帝赐给世人的这一礼物，可能很难让人忍受。

根据心理学研究的大多数测评方式，最近几十年人们的自恋水平似乎上升了很多，特别是年轻美国人的自恋水平。大学教授经常抱怨说，现在的学生觉得有权不好好学习就得到好成绩；雇主报告说，很多年轻员工希望不努力工作就迅速晋升到最高层。自恋水平上升的趋势，在过去 30 年间的歌词里表现得更为明显。内森 · 德瓦尔（Nathan DeWall）领导的一个研究团队做了一项研究，发现第一人称"我"在热播歌曲中越来越常见。惠特尼 · 休斯顿的《至高无上的爱》被里弗斯 · 科莫（Rivers Cuomo）之类的音乐家演绎到了一个全新的境界；Wetzer 乐队的领唱——科莫，2008 年写了一首《史上最伟大的男人》(*The Greatest Man That Ever Lived*)，一经演唱就大受欢迎。这些歌曲都无一例外地展现了人们内心强烈的自我意识。

自恋水平广泛提高的人群，是自尊运动教养出来的问题儿童，而且这种状况短期之内几乎无望改变，因为自尊运动会继续下去，尽管有证据表明它并没有让孩子变得更成功、更诚实，甚至并没让孩子变成更好的公民。太多学生、家长和教育者仍然着迷于自尊理论轻易许下的承诺。就像弗吉尼亚联邦大学教授福赛思班上的学生一样，事情不顺时，高自尊的人往往觉得自己不该被打扰，如果别人理解不了他们为什么变得那么恐怖，那是别人的问题。

例外的亚裔人

心理学研究观察到的年轻美国人自恋水平上升的趋势，有一个显著的例外。年轻的亚裔美国人没有呈现这一趋势，这很有可能是因为，他们的父母尽管受美国自尊运动的影响，但是更受亚洲传统文化的影响。有些亚洲文化特别强调在孩子很小的时候就开始培养孩子的自制力，这个起始年龄远远小于美国等西方社会的一般情况。中国的父母和幼儿园在孩子很小的时候就训练孩子在规定时间上厕所，还训练孩子控制其他一些基本冲动。据估计，中国孩子两岁时就具有美国孩子三四岁时的自制力。

被要求不理会自己的本能冲动时，中国幼儿和美国幼儿表现出了明显的差异。例如，在一个测验中，研究者给幼儿看一系列图片，并告诉幼儿，每当看到月亮就说"白天"，每当看到太阳就说"晚上"。在另外一个测验中，幼儿要努力抑制自己在兴奋时小声说话的冲动，还玩一种"西蒙说"（Simon Says）的游戏，在这种游戏中，玩家应该遵守一种命令、忽略另外一种命令。在这些测验中，4 岁中国儿童的表现一般好于同龄美国儿童。中国幼儿的自制力较高，部分原因也许在于基因：有证据表明，与基因因素有关的注意缺陷多动障碍（attention deficit hyperactivity disorder，简称 ADHD），即俗称的多动症，在中国儿童中间比在美国儿童中间少见。但是，中国等亚洲国家的文化传统无疑对培养自律作用重大，美国亚裔家庭保留了那些传统，正是这些传统让他们的孩子较不自恋、长大后比较成功。亚裔美国人只占美国人口的 4%，但是斯坦福、哥伦比亚和康奈尔之类的精英大学有近 1/4 的学生是亚裔美国人。他们比其他任何种族的人都更有可能获得大学学位，他们毕业后的工资比美国的一般水平高 25%。

他们的成功让人们普遍认为，亚洲人比美国人和欧洲人更聪明，但是詹姆斯·弗林（James Flynn）并没从智力角度解释他们的成就。认真回顾有关 IQ（智商）的研究后，弗林得出结论说，华裔美国人和日裔美国人与有着欧洲血统的白人非常相似。如果真的存在差距的话，也是亚裔美国人的 IQ 稍低（平均而言啊），而且，他们更多地分布在最高区间和最低区间两个极端。两者之间的较大差异在于，亚裔美国人更会利用自己的智商。弗林所说的精英职业（像医生、科学家、会计师）从业者，一般 IQ 高于某个门槛。对美国白人而言，这个门槛是110，但是 IQ 只有 103 的华裔美国人也能设法得到同样的精英工作。此外，在 IQ 高于各自所属人群精英职业 IQ 门槛的人中间，华裔美国人中实际上获得精英工作的人所占比率更高，这意味着IQ高于103的华裔美国人比IQ高于110的美国人更有可能获得精英工作。对日裔美国人来说，模式是类似的。凭借自制力——努力、勤奋、稳定、可靠，东亚移民的孩子可以做得与IQ更高的美国人一样好。

在金（Kim）家那样的移民家庭，延迟满足是个常见主题。金夫妇俩出生在韩国，在北卡罗来纳养大了两个女儿。他们的女儿洙和简，分别成了医生和律师。她俩合写了一本书，书名为《全班第一》（*Top of the Class*），内容是亚裔父母如何把孩子培养成高成就者。她们在书中写道，她们还不到两岁，她们的父母就开始教她们认字母表。她们还写道，她们的母亲从不奖励那种在超市里吵着要糖果的孩子。在收银台前，女儿们还没来得及乞求，金太太就会抢先宣布，如果她们下周每人读完一本书，那么下次买东西时她就会给她们买糖果。后来，洙离开家上大学，让父母给她买一辆便宜的二手车凑合着用，他们拒绝了这一要求，但是主动提出，如果她考上医学院，就给她买一辆新车。这对父母确实舍得给女儿们买东西——但是每次给女儿们买东西，他们都要求女儿们首先取得一些有价值的成绩。

在众多亚裔美国人成功史面前，发展心理学家不得不修订了教养理论。他们过去提防"威权主义"（authoritarian）风格，具有这种教养风格的父母，不大在乎（至少表面上不大在乎）孩子的感受，给孩子定硬性目标、立严格规矩。他们建议父母采取"权威主义"（authoritative）风格，这种风格，父母仍然对孩子有限制，不过给孩子更多自主权，更关注孩子的愿望。

与威权主义风格相比，这个更温暖、更人性的风格理应塑造出更适应、更自信、在学校和社会表现更好的孩子。但是，后来，曹路德（Ruth Chao）以及其他心理学家在研究亚裔美国家庭时注意到，很多父母设置非常严格的目标和规矩，不过这些父母往往认为自己的教养风格是挚爱不是压制，而且他们的孩子往往也这么认为。华裔美国父母根据孔子的教育理念（既治又爱）培养自制力。这些父母按美国标准来看也许显得冷酷、僵化，但是他们的孩子在学校内外都表现得很出色。

美国教养理念与亚洲教养理念的区别，由另外一项研究揭示了出来，这项研究调查了洛杉矶地区育有幼儿的母亲。当被问到父母对孩子的学习成绩有何贡献时，从中国移民而来的母亲最常提到的是，设置高目标，执行严标准，给孩子另外再布置一些家庭作业。与此同时，祖籍欧洲、生于美国的母亲则决定不给孩子太多压力。她们最常提到的是，不能过分强调学习成绩，重要的是孩子的社会性发展，"学习是乐趣"而"不是任务"。她们还重点关注如何提高孩子的自尊这个概念，而研究中的华裔母亲对此一点儿都不感兴趣，比如《虎妈战歌》（*The Battle Hymn of the Tiger Mother*，中译本的译名为《我在美国做妈妈》）的作者蔡美儿（Amy Chua）。《虎妈战歌》一经出版就十分畅销，蔡美儿在书中讲述了她的"中式教养法"，最近她正在用最坦率（且最好玩的）的方式推广这一教养法。

蔡美儿的教养法——不准夜不归宿、不准结交性伴，按照美国人的标准来说太极端了。但是，她洞察到了自尊运动的问题，这一点令我们敬佩。"当我看到美国父母因为孩子做了一件小得不能再小的事情——乱画一笔、挥舞棒子——而大大表扬孩子一番，我就明白中国父母在两个方面胜过西方父母：（1）对孩子期望更高；（2）从对孩子能力的了解这个角度来说，更尊重孩子。"蔡的基本策略——设置清晰的目标、立下严格的规矩、惩罚失败、奖励卓越，与德博拉·卡罗尔在《保姆911》中介绍给美国家庭的基本策略大同小异。卡罗尔是"世界一流保姆团队"的成员，该团队总是派她去处理真正棘手的案例，像《恐怖的小屋》那一集中的保罗家。卡罗尔说，对付美国孩子，她应用的是她青少年时期在威尔士亲身积累的经验。

"我上学时，"她回忆说，"得到一颗金星或银星，是非常了不起的。觉得自己依靠努力做成了一件事情，是非常重要的。我给祖父熨衬衫，他坚持付钱给我，因为我熨得非常好——他说我比祖母熨得还好，我喜欢那种成就感。你的自尊就来自那里，而非来自仅仅被人说'你是最棒的'。"像蔡美儿和金夫妇以及其他很多亚裔移民一样，德布保姆也得到了与心理科学协会评审小组一样的结论：忘掉自尊，关注自制。

德布保姆和三胞胎

来到保罗家，卡罗尔并不是特别担心在录像中看到的那些攀爬院墙、随地吐口水、摇晃灯座的孩子。她知道4岁孩子可能非常棘手，特别是一下子有 3 个 4 岁孩子。但是，她已经从其他恐怖的美国家庭那里积累了足够的经验，明白这次要处理的最大问题并不在孩子身上。

"这样的家庭，孩子非常非常轻松、无约束。"卡罗尔说，"他们在寻求规则。他们想要安全感，他们指望有人告诉他们：'一切有我，事情会好的。'父母的问题，处理起来要难得多。他们必须学会如何先控制好自己再控制孩子。"

自从 18 岁成为全职保姆后，卡罗尔就一直在与这样的父母打交道。她在伦敦的第一个雇主是一个嫁给了英国人的美国母亲。每当小孩发狂发怒，这个妈妈只能不知所措地看着。"小孩生气时，就在咖啡桌上团团转，"卡罗尔回忆说，"妈妈只是对小孩说，'你站的真不是地方，亲爱的。'小孩发脾气，没什么错，很自然。我们的工作就是教小孩换种方式平息怒气。"

保罗夫妇没有那个母亲柔和，但是说到约束孩子，他们好像与那个母亲一样不知所措。父亲汤姆下班回家后，发现起居室堆满了玩具，就会拿起曲棍球棒把所有玩具扫进壁橱。母亲辛迪·保罗以前是个空姐，见惯了行为恶劣的成年人，但还是被三胞胎弄得崩溃了，不再试着让他们整理玩具，也不再试着让他们自己穿衣服。德布保姆让他们自己穿袜子——对快上幼儿园的小孩来说，并不是什么很难的事情——其中一个叫劳伦的就是不穿，而是跑到厨房，把袜子交给了妈妈。她歇斯底里地哭着，疯狂地纠缠妈妈，一遍一遍地求助。

"这很叫人伤心，"保罗太太说，"她会这样子半小时。这还要让人烦一段时间呢。她每次崩溃，就一遍一遍问同样的问题。那个时候，我就会头大，不能专心做事，想对每个人尖叫，想把他们都直接送到床上。"

像往常一样，这次又是孩子赢了。保罗太太给劳伦穿了袜子，这让卡罗尔非常生气。"4年半来，她一生气，你就顺着她，"卡罗尔对保罗太太说，"如果她到二年级不想做数学作业你要怎么办？"

看着这样的场景，很难相信过去的父母认为孩子就是要打。"不打不成器"是标准建议，"慈母多败儿"是普遍共识。新英格兰清教徒、神学家科顿·马瑟（Cotton Mather）的话更厉害："鞭打好过痛骂。"我们并不是提倡像过去一样打孩子，更别说用鞭子打孩子，但是我们确实认为父母需要强调严格的纪律。那并非意味着随便打骂孩子、对孩子发脾气或者严厉惩罚孩子。但是，那确实意味着花时间留意孩子的行为，给予恰当的奖励或惩罚。

不管你是让几岁的孩子独自待在房间一段时间反省自己错在哪里，还是收回十几岁孩子开车的特权，惩罚都有3个基本方面：严厉性、及时性和一致性。很多人把严格的纪律与严厉的惩罚联系在一起，但是严厉的惩罚只是纪律最不重要的一面。研究者发现，惩罚的严厉性好像极不重要，甚至可能有害：不但不能培养美德，反而让孩子认为人生是残酷的、暴力是恰当的。惩罚的及时性则重要得多，正如研究者用孩子以及动物做被试者发现的那样。一般而言，想让实验室的老鼠从错误中学习，就要立即实施惩罚，最好是在错误出现之后的一秒钟之内。对孩子来说，惩罚不必那么迅速，但是拖得越久，孩子越有可能忘记自己因什么而受罚。

迄今为止，惩罚最重要的一面——对父母来说也是最难的一面——是一致性。理想状态是，孩子每次一犯错，父母就应该迅速给予惩罚，但是要用克制的，甚至温和的方式。一两句斥责往往就够了，只要一犯同样的错误就给予同样的斥责而且语气认真严厉就行。这一条对父母的要求比较高。要是累了，或者要是觉得惩罚可能令大家扫兴，父母就特别容易忽视或放过孩子的错误。父母也许找理由说，他们想做好人；他们甚至告诉彼此，做好人，放过这次错误。但是，早期越警惕，后期越省力。一致的惩罚往往会造就好孩子。

尽管辛迪那样的父母觉得惩罚孩子是件令人伤心的事情，但是只要及时用冷静的、一致的方式给予惩罚，孩子就会反应良好，这是心理学家苏珊·奥莱瑞（Susan O'Leary）长期观察幼儿及其父母后得到的结论。有的时候，父母的态度如果不一致，放过孩子的某次错误，就会在孩子下次犯错时用格外严厉的惩罚加以弥补。这对父母的自制力要求较低：想做好人的时候就做好人，生气的时候或者觉得孩子闹得太过分就严厉惩罚。但是，想象一下，从孩子的角度来看，这成了什么样子。有的时候，你说了一句讨巧的话，所有大人都笑了。有的时候，你说了类似的话，却得到一个耳光，或者失去了一项宝贵的特权。你自己的行为或者所处情境的一个看似微小甚至随机的差异，就决定了是完全没有惩罚还是惩罚得非常严厉。除了怨恨不公平外，你学到了：最重要的不是你做了什么，而是你是否被抓住了，以及你的父母心情好不好。例如，在餐厅吃饭不注重礼仪是不会受罚的，因为大人觉得太尴尬，不愿在公共场合惩罚你。

"父母觉得很难在公共场合实施惩罚，因为他们觉得在被人评判，"卡罗尔说，"他们担心别人认为他们是坏父母。但是，你必须把那种担心置于脑后。有一次，我把一个无礼的孩子带出了餐厅，弄得大家都盯着我看，但是你不能担心那个。你必须做对孩子来说正确的事情，其实就是做到一致。他们在成长过程中，必须知道什么行为是恰当的，什么行为是不恰当的。"

卡罗尔在保罗家应用了她的"一致牌"家庭守则，收到了奇迹般的效果。她在保罗家待了一周，离开的时候，三胞胎正在收拾床铺、整理玩具，其中的劳伦正在自豪地穿袜子，而父母显得冷静、高兴。至少，在节目上看起来就是这样的，符合节目一贯的从混乱到幸福的桥段。但是，这个家庭守则真的有持久效果吗，也就是在保姆德布和摄像镜头离开后仍然有效果吗？2010 年，在卡罗尔拜访保罗一家 6 年后，我们对保罗一家进行了回访，保罗太太宣布实验获得了长久的成功。"我们已经没有什么真正的大问题"，她说。她还解释说，当年在电视上出了名的 4 岁小坏蛋们，已经长成了学习很棒还参加了学生会的 10 岁少年。在家里，他们仍然在做家务。

"在保姆德布到来之前，我从未想过他们会自己做那些事情，"保罗太太告诉我们，"我认为让他们做那些事情太过分了，实际上，他们只是不知道应该做什么，没人给他们指导，没人给他们设规矩。父母很容易就说'去收拾你的房间'，但是这并不能告诉孩子任何东西。你还不如让他们对着墙发呆。你需要守则引导他们，你需要给他们做示范——叠衣服放进衣橱或抽屉给他们看。"

保罗太太那么做了几次后，三胞胎就开始独立地做了，尽管有时仍然需要父母监督——父母还要狠下心不倒退回去为孩子做这些事情。"有时，"保罗太太说，"我来到厨房，看见他们吃了饭的碗还放在那儿，就有洗碗的冲动。我自己洗碗，比找他们洗碗要容易。但是，不管他们在哪里，我必须记住让他们回来洗自己的碗。这就是我需要运用自制力的地方。"

说到这儿，我们要问父母那个熟悉的问题：你如何获得并保持自制力？当你像保罗太太那样认识到父母太容易放过孩子的错误，你如何冷静地、一致地约束孩子？和往常一样，答案是从设目标和定标准开始。

婴儿守则和青少年守则

早在能看守则、会做家务之前，孩子就可以开始学习自我控制。问问那些经受住了费伯入眠法考验的父母就知道了。费伯入眠法是费伯博士对维多利亚时代育儿手册中的一项技术进

行改进后得到的一个训练婴儿单独睡觉的方法。根据这个方法
的要求，把婴儿放在床上让婴儿单独睡觉时，父母应该违背本
能地忽略婴儿的哭泣。父母不该冲向婴儿那里，而要任由婴儿
哭泣一段时间，然后上前提供一些安慰，接着走开一段时间。
一直重复这些步骤，直到婴儿学会控制哭泣，在没有父母的帮
助下睡着。婴儿的哭泣令人心碎，要想忽略它，父母需要很大
的自制力，但是，坚持下去，婴儿一般能够学会一声不哭地迅
速入睡。一旦婴儿获得了这个自制力，那么每个人都赢了：婴
儿不再在睡觉时间或睡到一半中途醒来发现父母不在身边而焦
虑，父母不必整夜在婴儿床前徘徊。

　　我们见过一些父母成功运用这一方法的变式处理哭着要
吃奶的婴儿。母亲没有立即给哭泣中的婴儿喂奶，而是让婴儿
知道，母亲已经收到了婴儿的信号，但是在等他安静下来，再
给他喂奶。母亲刚开始很难忽略婴儿的哭泣。而且，我们认识
到，在一些父母看来，这太残忍，试都不要试。但是，婴儿一
旦学会不哭泣着要食物，婴儿和父母就都会更冷静、更快乐。
婴儿了解到，他们能在一定程度上控制自己、父母期待他们表
现出某些行为、他们的不同行为会带来不同结果——随着他们
渐渐长大，这些经验会越来越重要。

　　几乎所有专家都同意，孩子需要也想要清晰的规矩，为
违反规矩承担责任是健康发展的重要特征。但是，规矩只有在
被孩子知道并理解了才是有用的，所以线越明越好。保姆德布
喜欢召开专门会议逐条讲解家庭守则，然后在每个孩子的卧室

贴张家务清单，立根木桩，用于计分。孩子们收拾床铺、打扫房间或洗碗，就在木桩上套一个有颜色的圈圈。每得到一个圈圈，就可以看电视或打游戏 15 分钟，每天总共 1 小时。孩子如果调皮，父母就先警告，孩子如果继续调皮，父母就拿掉一个圈圈。

为了一致地执行守则，父母需要彼此或与其他照顾者协调，让每个人都知道要怎么做。父母要提前制定一个奖惩制度，奖励或惩罚孩子时要解释清楚原因。随着孩子渐渐长大，最好问他们为自己定下了什么目标。知道他们为自己定下了什么目标后，为了帮助他们实现目标，你可以制定恰当的激励措施，像做多少家务就给多少零花钱，或者答应多做事情就额外有赏。为了让物质激励有价值，父母必须先提要求。记得金夫妇吗，他们给女儿洙买她想要的汽车，但前提是她必须考上医学院。蓝绿色丰田雄鹰也许不是你梦想中的汽车，但是洙很喜欢它，一年又一年高高兴兴地给它清洗打蜡。汽车最后报废时，洙伤心不已，甚至哭了。它对她来说意义重大，因为她学习如此努力才挣到了它。

6 岁时，一些孩子就可以开始学习存钱，但是，存钱对他们来说就是挣扎，正如心理学家安妮特·奥托（Annette Otto）发现的那样。她让孩子玩一个游戏，在游戏中，孩子可以把钱存下来买想要的大玩具，也可以有点钱就买小玩具或糖果。很多 6 岁孩子早早就把钱花了，结果渐渐意识到自己没有足够的钱买大玩具（于是就完全停止存钱）。对比之下，有些 9 岁孩子和很多 12 岁孩子一开始就存钱，一直存到足以买自己想要的东西，然后开始把多余的钱用来买小玩具或糖果。为了鼓励这个长远眼光，父母可以帮孩子开个储蓄账户，定下存钱目标，定期查询银行结单，了解存钱进度，给予奖励或惩罚。研究者已经证明，与其他孩子相比，在银行开了账户的孩子长大之后更有可能成为节俭的人。在成长过程中与父母讨论如何给钱、存钱、花钱的孩子，也是这样。

有些父母喜欢用金钱激励孩子好好学习，有些父母则犹豫着要不要用金钱激励孩子做分内的事情。付钱到底好不好？[①]最有力的反对证据，来自心理学家所说的"过度理由效应"（overjustification effect）[②]：奖励把玩耍变成了工作。更准确地说，研究表明，付钱让人们做他们喜欢做的事情，他们就开始把这个事情视为要付钱的苦差。根据这个逻辑，用金钱激励孩子好好学习是否会破坏孩子的内在学习动机？

我们认为不会。首先，成绩已经是外在奖励，所以再加个金钱也改变不了整个事情的性质，要是原先就破坏内在学习动机，那么它还会继续破坏，如果原先就没破坏内在学习动机，那么它不会因为加了金钱就会破坏内在学习动机。其次，为了

---

① 经济利益驱动的最大问题是把内部激励转变为外部激励，实际上降低了激励的强度。

② 为使自己和别人的行为看起来更合理，人们总是在不断寻找原因。一旦找到了合适的原因，他们便不再继续下去了。而且，在寻找到外部原因以后，人们便很少再去寻找内部原因了。这就是社会心理学上所说的"过度理由效应"。——编者注

金钱而好好表现，本来就是成人世界的一个现实，所以，为了金钱而好好学习，是为那个现实做合理的准备。即使为了金钱而学习的孩子真的多少丧失了一些内在学习兴趣，那也是有用的。（坦率地说，尽管我们自己以研究即学习为乐，我们仍怀疑人们过分强调了学习兴趣的激励作用。）金钱象征着价值，用金钱激励孩子好好学习，就是告诉孩子，社会、家庭重视成绩，特别是只用金钱奖励杰出成绩的时候。

我们同意，仅仅为每天上学就付钱给孩子确实会减弱他们的学习动机（就像上学是个负担似的）。但是，如果他们学习格外努力、成绩格外好就付钱给他们，又有什么问题呢？这方面的一些实验，结果好坏参半：在某些地方，金钱激励对改进学生的表现没有多大用；在另外一些地方，金钱激励似乎非常有效。我们觉得，可以在家尝试一下这样的实验——不过，如果你愿意，你当然可以坚持用现金之外的东西激励孩子。只要记住，如果你想培养孩子的自制力，那么你需要在奖励孩子时保持一致性。从成绩单上了解到孩子取得了好成绩时，不要随意从钱包里拿钱奖励孩子。相反，要提前设目标：每得一个 A 给多少钱，每得一个 B 给多少钱，哪科比重大哪科比重小等。对于年龄小的孩子，你必须详细规定奖惩规则和奖惩额度；对于年龄大的孩子，你可以让他们与你协商奖惩规则和奖惩额度，甚至双方签订正式合同。随着孩子年龄的增加，规则和额度会有所变化，但是重要的是，奖惩制度要落实到位，不管这一点在孩子青春期时看起来多么难以做到。

从父母的角度来看，青春期的问题在于，自制力还在小孩子水平，欲望和冲动却达到了成年人水平。不管 9 岁或 11 岁以前多么乖巧，进入青春期后，因为生理上的急剧变化，孩子会开始出现性冲动和攻击冲动，还会开始寻求刺激。在某种程度上，青少年知道自己需要帮助。因为这个以及其他一些原因，他们购买了数百万本《暮色》（Twilight）。这部小说中，吸血鬼爱德华和青少年贝拉知道，如果他们偷食禁果，她就会失去人性，还有可能失去生命。因此，他们挣扎：

> 爱德华：睡觉吧，贝拉。
>
> 贝拉：不，我想要你再吻我一次。
>
> 爱德华：你高估了我的自制力。
>
> 贝拉：哪个对你更有诱惑力，我的血液还是我的身体？
>
> 爱德华：平分秋色。

他们的这种挣扎在恋人之间非常常见，19 世纪的言情小说就是靠描写这种挣扎吸引读者。玛丽·布伦顿（Mary Brunton）写的《自制》（Self-Control）和《禁戒》（Discipline）就是其中的代表，布伦顿的作品销量超过了同时代的竞争对手简·奥斯汀。19 世纪的农民担心他们的孩子被工业城市中的新兴自由诱惑，但是与今天郊区里和网络上的诱惑相比，那些诱惑不值一提。今天的青少年，即使没有变吸血鬼的危险，也明白爱德华对贝拉说"我永远承担不起在你面前失控造成的损失"时有何感受。

在青少年的自制力水平赶上他们的冲动水平之前，父母有一项吃力不讨好的任务：在把孩子当成准成年人看待的同时提供严格的外部控制。最佳折中方案也许是，在制定规则的过程中，让孩子有更多发言权，而且要在每个人都头脑冷静、休息充分的状态下制定规则。青少年如果参与制定规则，就会把规则看成自己的承诺而不是父母的控制。青少年如果与父母协商制定了宵禁令，就更有可能遵守宵禁令，或者至少更有可能接受违反宵禁令造成的后果。而且，青少年在目标设定时参与得越多，就越有可能进行自我控制的第二步：行为监控。

有人盯着

在著名的棉花糖实验之前，沃尔特·米歇尔在特立尼达做研究时就发现了一个与自我控制有关的现象。他去特立尼达是为了研究种族刻板印象。特立尼达乡下有两大种族，一个是非洲裔，一个是印第安裔，各自对彼此有不同的负面刻板印象。印第安裔人认为，非洲裔人目光短浅，过于放纵，不知节省；非洲裔人认为，印第安裔人只知节省，不知享乐，生活缺乏激情。为了检验这些刻板印象，米歇尔从两大种族中分别选取一些儿童，让那些儿童在两块糖果之间选择。一块糖果较大，价钱是另外一块的10倍，但是，选择较大糖果的孩子，必须等一星期才能得到糖果。比较小、比较便宜的糖果可以立即得到。

米歇尔找到了一些支持种族刻板印象的证据，但是在这个过程中，他意外地发现了一个更明显且更有意义的效应：家里有父亲的孩子远远比其他孩子更有可能选择延迟奖励。大部分种族差异都可以用这个因素来解释，因为印第安裔孩子一般与父母生活在一起，而相当数量的非洲裔孩子与单身母亲生活在一起。米歇尔把非洲裔家庭单独挑出加以分析，也发现了父亲教养的重要性：与父亲生活在一起的孩子当中大约有一半选择了延迟奖励，但是没父亲的孩子当中没一个愿意等待。与此类似的是，家中没父亲的印第安裔孩子，也没一个愿意等待。

米歇尔于 1958 年发表论文公布了这些发现，但是当时以及接下来的几十年并没有引起多大的关注，因为在那个年代，暗示单亲家庭可能存在缺陷，会危及到自己的前途。例如，丹尼尔·帕特里克·莫伊尼汉（Daniel Patrick Moynihan）那样暗示了，结果遭到了严厉的谴责。自 20 世纪 60 年代开始，联邦立法、社会规范和离婚率的变化导致在单亲家庭（通常是单身母亲）长大的孩子急剧增加。没人想苛责那些母亲——我们当然不想诋毁她们的辛苦和奉献，但是最终有很多研究者得到了与米歇尔类似的发现，所以这一发现再也不容忽视了。作为一条通则——也有很多很多例外，包括比尔·克林顿和巴拉克·奥巴马——单亲抚养长大的孩子往往不如双亲抚养长大的孩子做得好。即使研究者控制了社会经济因素等变量，结果仍然发现双亲家庭的孩子在学校成绩更好。他们心理更健康、适应状况更好。他们对社交生活更满意，反社会行为更少。他们更可能上精英大学，更不可能进监狱。

这些现象的原因可能是，单亲家庭的孩子在自我控制上有遗传劣势。毕竟，如果父亲或母亲抛家弃子跑掉了，那么他或她也许有那种助长冲动行为、妨碍自我控制的基因，而他或她的孩子也许继承了那种基因。有些研究者想纠正这个解释，于是考察了另外一类单亲家庭的孩子，这些孩子的父亲，不是因为抛家弃子，而是因为其他原因（像派驻海外、英年早逝）不在家。不出所料，结果居于两者之间。这些孩子表现出了一些缺陷，但是不如那些父亲抛家弃子的孩子大，这照例意味着孩子是由基因和环境共同塑造的。

不管基因有着什么作用，环境显然影响着单亲家庭的孩子。盯着他们的眼睛比较少。监控对自我控制非常关键，双亲一般比单亲能更好地监控孩子。单亲忙着做基本的事情——把食物摆上餐桌、保证孩子的健康、支付账单，就不太重视立规矩、行规矩。双亲可以分工，两个人就都有更多时间和精力来塑造孩子的性格。盯着孩子的眼睛多了一双，效果就有差异，而且效果差异非常持久，这一点体现在了一项 60 多年前就开始了的研究的结果中。

20 世纪 40 年代早期，为了预防青少年犯罪，一群咨询师一个月对 250 多个男孩做两次家访。他们观察男孩们的房子、家庭和生活并记录下来。平均而言，男孩们在研究开始时大约 10 岁，在研究结束时大约 16 岁。几十年后，男孩们到了四五十岁时，一个名叫琼·麦科德（Joan McCord）的研究者比较了他们青少年时期的经历和成年时期的行为——特别是犯罪行为。结果发现，青少年时期有无大人监督最能预测成年时期是否会犯罪。咨询师记录了男孩们在校外的活动是经常还是有时还是很少被大人监督。青少年时期受成年人监督的时间越长，以后就越不可能犯罪（不管是侵害别人的人身权还是财产权）。

几十年的岁月也磨灭不了父母监督的价值。一篇元分析（总共超过 35 000 个被试者）表明，是否吸大麻与是否有父母监督存在可靠的负相关。如果父母密切监督孩子，知道孩子在哪儿、做什么、与谁在一起，那么孩子使用违禁药物的可能性要小很多（与没有父母密切监督的孩子相比）。最近的儿童糖尿病患者研究也发现，父母监督有多个好处。青少年自制力较强，父母一般知道子女放学后在哪儿、晚上在哪儿、闲暇时间用来做什么、有哪些朋友、如何花钱。尽管I型糖尿病发病时间早（在患者青少年时期发病）且主要病因也许在基因，但是父母密切监督、自制力很强的青少年比其他青少年的血糖水平低（因此较少出现严重的糖尿病问题）。实际上，就减轻糖尿病的严重程度而言，如果母亲或父亲能跟踪了解孩子的活动、朋友、花钱习惯，就能在某种程度上弥补自制力弱的不足。

孩子被监督得越多，就越有机会培养自制力。父母可以引导孩子进行我们前面讨论过的那种意志力培养练习。例如，注意坐姿、常说语法准确的句子、避免说以"我"开头的句子、绝不用"yeah"表达"yes"。任何强迫孩子自我控制的活动都可能有帮助：上音乐课、背诗词、做祷告、注意就餐礼仪、避免说脏话、写感谢信。

孩子在培养意志力的同时，也需要学会什么时候不依赖意志力。在米歇尔的棉花糖实验中，很多孩子抵御诱惑的策略是盯着棉花糖，想象自己很强。但这没有用。盯着不准碰的棉花糖，只能提醒孩子棉花糖是多么有诱惑力，只要意志力稍微松懈一下，孩子就会屈服，吃掉棉花糖。对比之下，坚持下来的孩子——为了得到两颗棉花糖等了15分钟的孩子——一般使用的策略是转移注意力。他们捂住眼睛、转过身去或者摆弄鞋带。棉花糖实验让一些研究者得出结论说，重要的是控制注意力，而不是培养意志力。但是，我们不同意这个看法。是的，控制注意力的确重要，但是，控制注意力是需要运用意志力的。

玩向成功

半个多世纪以来，电视吸引住了孩子，让孩子无心做其他事情；半个多世纪以来，孩子一出现问题，人们就归咎于电视。我们不想随大溜地谴责电视，因为我们看到孩子从电视中学到了很多有用的东西。但是，有样东西孩子没有学到，那就是如何控制注意力。成功的电视节目知道如何吸引并留住人们的注意力，又不像其他一些休闲活动那样费脑子。上网没那么坏，但也无助于培养自制力，特别是如果你不断从这个网站跳到那个网站，从未停下来读读任何比一篇微博或一个短帖长些的东西。

那么，孩子如何学会把注意力集中于比短信更长、比YouTube视频更具挑战性的东西？通常建议是让他们读书，而我们举双手赞成这个建议。（哪个作者又不呢？）但是，早在他们能够阅读之前，他们就可以通过玩游戏来学习集中注意力。最近有些非常成功的自制力培养项目借鉴了前苏联心理学家列夫·维果茨基（Lev Vygotsky）及其追随者的经典实验。在这些经典实验中，他们用游戏提高孩子在某些任务上的技能。例如，有个实验，孩子本来立正不了多长时间，但是如果让他们假装是正在站岗的警卫就会坚持更长时间。与此类似的是，如果假装要去商店，必须记住购物清单，那么他们就比较容易记住一串单词。

那些经典实验的结果应用到了一个名叫"思维工具"（Tools of the Mind）的学前项目中，这个项目鼓励孩子玩角色扮演的游戏，这些角色（在某种程度上）都提前设计好了，持续时间在几分钟以上（可能长达好几天）。正如我们看到的那样，自我控制的本质几乎就是考虑当前行为的长远后果，也就是放弃即时满足而追求未来收益，所以一连好几天玩游戏有助于幼儿想得更长远。与其他孩子一起玩持续很久的角色扮演游戏，还要求孩子控制注意力、留在假想角色里。连过家家、假扮战士那样简单的角色扮演游戏也要求幼儿留在角色里、遵守游戏规则。独立研究表明，根据实验室测验来看，与那些参加比较传统的学前项目的孩子相比，参加"思维工具"项目的孩子最后自制力显著提高了。

年纪大些的孩子可以从另外一个经常受抨击的东西中获得一些好处，那就是电脑游戏。我们同意，有些电脑游戏太弱智或太暴力了，有些孩子把太多时间花在打电脑游戏上了。但是，根据劳伦斯·库特纳尔（Lawrence Kutner）和谢丽尔·奥尔森（Cheryl Olson）的说法，对电脑游戏的常见批评与过去对漫画书的批评一样，大都是有科学依据的。哈佛的这些研究者回顾了文献并将其研究应用到中学生身上，最后得出结论说，大多数孩子没有被玩电脑游戏所伤害，而且他们可以从玩电脑游戏中获得好处，就像学音乐、做运动或者追求某种需要自制力的爱好一样。要在复杂的电脑游戏中获得成功，你需要集中注意力、学习难懂的规则、遵循精确的步骤来实现一个目标。它比看电视所需的自制力多很多。

幸运的是，自尊运动从未在电脑游戏行业扎根，很可能是因为，如果游戏机不停地告诉他们"你好棒"，他们一定会很烦。相反，孩子更喜欢那种需要从"菜鸟"（新手）开始玩起、通过成绩赢得尊重的游戏。为了提高技能，他们失败了一次又一次。典型的游戏青少年必须忍受几千次"死亡"和"惨败"，然而他们就是有足够的自尊继续尝试。当家长和教育者提倡"人人有奖"的理念，孩子却在追求那种标准更严格的游戏。玩家需要专注才能打走一个又一个怪兽；他们需要耐心，才能为虚拟目标运筹谋划；他们需要节俭，才能存钱买装备。

我们不该为游戏吸引住了孩子而惋惜，而是应该利用游戏设计者开发出来的技术。他们提炼了自我控制的基本步骤：设置清晰的、可实现的目标，给予即时反馈，提供足够的奖励让玩家经常练习、持续改进。注意到人们愿意为了玩游戏大下苦功后，有些前卫人士提倡把生活"游戏化"，即把这些技术（像设立"关卡"，允许"升级"）加以改造，用于学校、职场和虚拟团队。电脑游戏让传统美德散发出新的光辉。成功是有条件的，只要你有意志力一次又一次地去尝试，成功就触手可及。

第 10 章
节食风暴

我的同胞们，同肚皮争论可是一件难事，因为它没有耳朵。

——希腊历史学家普鲁塔克（Plutarch）

我怎么又胖了呢？

——奥普拉·温弗瑞（Oprah Winfrey）

在富裕国家，人们最普遍的梦想是有个平坦的腹部。我们挣得越多，贡献给减肥业的比例就越大。减肥是"新年任务"中最常见的一个，每年都减肥，每年都在中途放弃。长远来看，大多数减肥者都会失败。因此我们并不是要保证你永远拥有苗条的身材，但是我们可以告诉你哪些技术更有可能帮助你减肥，而且我们先从好消息说起。如果你确实想控制体重，那么你需要自制力来遵守这3条规则：

1. 永远不要节食。

2. 永远不要发誓说戒掉巧克力或任何其他食物。

3. 永远不要把体重超标等价于意志力弱，不管你是评判自己还是评判他人。

你也许没有实现今年减10磅的目标，但是那并非意味着你应该节食或者发誓远离甜食。而且，你当然不该对你实现其他目标的能力失去信心，因为体重超标并非标志着意志力弱，即使大多数人这么认为。随便选几个现代美国人，问问他们用自制力来干什么，他们给出的第一个答案很有可能是节食。几十年来，大多数专家也做了同样的假定。在专业会议和科学杂志文章里，研究者必须举例说明自制力的某些问题时，往往最有可能以节食为例。

然而最近，研究者发现，自我控制与节食之间的关系并不像大家以为的那样直接。他们发现了一个现象，我们把这个现象叫作奥普拉悖论（Oprah Paradox），以向世界上最著名的节食者奥普拉·温弗瑞致敬。她刚刚做新闻主播时，体重从125磅增加到了140磅，于是去看节食医生，医生给她制订了一个每天消耗1200卡路里的计划。她执行了这个计划，第一周减了7磅，一个月内减到了最初的125磅。但是后来，她又渐渐胖了。长到212磅时，她4个月不吃固食，专门吃流食，结果减到了145磅。但是过了几年，她又变得比以往任何时候都胖，达到了237磅，日记里满是对减肥的祈祷。获得艾美奖提名时，她祈祷她的对手脱口秀主持人菲尔·多纳休（Phil Donahue）获奖。她后来回忆说："那样的话，我就不用摇着我肥肥的屁股从座位沿着过道走上讲台让自己尴尬。"即将放弃希望时，她遇到了私人教练鲍勃·格林（Bob Greene），之后两人立即改变了彼此的人生。

格林把他给温弗瑞使用的养生方法和养生食谱写成书，卖得非常好。他还开创了自己的食品品牌"最好的生活"（Best

Life）。在格林和私人厨师（也写出了畅销书）的指导下，在来
做节目的营养学家和医生等专业人士的指导下，温弗瑞改变了
饮食习惯、运动方式和生活方式。她写周记，记下自己每餐吃
了什么，精确到什么时候吃了金枪鱼、什么时候吃了三文鱼、
什么时候吃了沙拉。助手围绕她的吃饭时间和锻炼时间给她排
时间表。朋友给她做心理咨询，例如，灵性作家玛丽安娜·威
廉森（Marianne Williamson）与她讨论体重与爱情的关系。

　　结果于 2005 年展示在温弗瑞名下杂志的封面上：一个光芒
四射的时髦女人，体重 160 磅（不过，注意，这一体重仍然比
她首次减肥时的体重多 20 磅）。温弗瑞成功减肥的故事，鼓舞了
她的粉丝，也鼓舞了埃默里大学的人类学家乔治·阿米拉格斯
（George Armelagos）。他以她的故事为例解释了一个历史性转折，
他把这个历史性转折称为"亨利八世和奥普拉·温弗瑞效应"。
在都铎王朝时代的英国，很难找到一个像亨利八世那样一直胖的
人。他的日常饮食牵涉几百个农民、园丁、渔夫、猎人、屠夫、
厨子等仆人的劳动。但是，今天，连普通百姓也能变得像亨利
八世那样胖——实际上，穷人往往比统治阶层更胖。纤瘦成了
地位的一个象征，因为普通人很难做到纤瘦，除非有基因优势。
为了保持纤瘦，需要像奥普拉·温弗瑞那样拥有很多资源：厨
子、私人教练、营养学家、心理咨询师等各种各样的助理。

　　然而，即使有这么多资源也不能保证减肥成功，就像《奥
普拉脱口秀》的观众开始注意到的那样，就像温弗瑞自己在庆
功封面事件 4 年后在一篇文章中坦率承认的那样。这次，她的

杂志刊登了她 160 磅的老照片和 200 磅的新照片。"我生自己的气。"温弗瑞告诉读者,"我无法相信,经过这么多年,尽力做了这么多事情后,我仍然在谈论我的体重。这令我尴尬。我看着我较瘦时的照片想,我怎么又胖了呢?"她解释说原因在于过度劳累和健康问题,这两样都损耗了她的意志力,但是即使在那时,奥普拉·温弗瑞也显然是个自律的人。要是没有自制力,她的人生其他方面不可能这么成功。她有着不同寻常的意志力,她能得到世界最好的专业建议,她有一群热心的监督者,她还承受着外部压力——必须每天出现在几百万观众面前,一有增肥迹象,就会被人看出来。然而,尽管有着所有这些力量、动机和资源,她仍然减不下来。

那就是我们所说的奥普拉悖论:连自制力绝佳的人也很难始终如一地控制体重。他们能够运用他们的意志力在很多方面——学业、事业、人际关系、内心情感活动等——取得成功,但是就保持苗条来说,他们并不比其他人成功多少。鲍迈斯特及其身在荷兰的同事分析了几十个以自制力高的人为被试者的研究后发现,这些自律的人在控制体重方面比其他人做得稍微好一点,但是差异不如在生活其他方面明显。这个模式清楚地显示在一群参加某减肥项目的大学生身上。鲍迈斯特与乔伊斯·埃尔林格(Joyce Ehrlinger)、威尔·克雷希奥尼(Will Crescioni)以及佛罗里达州立大学的同事一起研究了这个为期 12 周的减肥项目。项目一开始,在人格测验中自制力维度上得分高的学生有着轻微的优势——与自制力维度得分低的人相比，他们的体重稍轻，运动习惯更好。随着项目的进行，他们的优势渐渐增加，因为他们在按规定限制饮食量、增加运动量方面做得更好。虽然他们的自制力有助于他们控制体重，但是好像没有造成很大差异，不管是在研究之前，还是在研究期间。自制力强的人比自制力差的人做得好，但是好不了多少。

而且，研究者如果在减肥项目结束后继续跟踪了解学生，无疑就会发现其中很多人的体重会立即反弹，就像奥普拉·温弗瑞以及很多其他减肥者一样。他们的自制力有助于他们坚持每天做运动，但是运动还不足以保证减肥。尽管烧掉更多卡路里按道理应该有助于减肥，但是研究者发现烧掉更多卡路里后身体就渴望更多食物，所以长期来看增加运动量不一定会让体重减轻。（但是，因为多个其他原因，运动仍然是值得的。）不管你的自制力强不强，不管你运动不运动，如果你在节食，你的体重就很可能不会持续降低多长时间。

这一点可以从基础生物学角度加以解释。当你运用意志力整理收件箱、写报告或者慢跑时，你的身体并没有本能反应。当你决定不去看电视而去付账单时，你的身体并没受到威胁。你的身体并不在意你是在写报告还是在上网。当你运动得太辛苦时，你的身体也许会发出疼痛信号，但是不会觉得生存受到了威胁。节食不一样。正如年轻的奥普拉·温弗瑞发现的那样，你的身体会随你节食一两次，但是之后就会与你抗争。实验室中，首次对胖老鼠控制饮食，它们会瘦下来。但是，一旦再次允许它们自由吃喝，它们就会渐渐胖起来。如果再次对它们控制饮食，那么这次要花更长时间才能让它们瘦下来。然后，再次允许它们自由吃喝，它们会比上次更快地反弹。这么减下去又胖起来三四次后，节食就不再有用了，即使它们吃少了，它们还是照样胖着。

进化喜欢那种能在饥荒中活下来的人，所以身体一旦有过吃不饱的经历就会努力保存所有脂肪。当你节食的时候，你的身体以为遇到了饥荒，于是竭尽所能留住每个脂肪细胞。迅速节食的能力，应该视为一种珍贵的一次性能力加以保存。日后，当你的健康或生存取决于你的体重能否减下来的时候，你也许会用到这个能力。

不要急速减肥，最好运用自制力慢慢地改变、产生持久效应。你必须特别注意策略，在自我控制的每个阶段，从设置目标到监控进展到增强意志力，你都会面对特别大的挑战。当有甜品车从你身边经过，你面对的不是普通挑战，而更像是惊涛骇浪。

自我控制的第一步是，设置切合实际的目标。为了减肥，你可以首先照镜子、称体重，然后制订一个切实可行的计划加以实施，最后得到一个更加苗条的身体。你可以那样做，但是很少有人那样做。人们的减肥目标如此不切实际，以致英国博彩公司威廉·希尔（William Hill）专门针对减肥者设有一项业务。任何打算减肥的人，都可以与这家公司打赌。他们可以自己设定目标，也就是，在多长时间内减下多少磅。这家公司开出的赔率是 50∶1，也就是，如果赌徒实现了目标，就赔 50 倍。博彩公司不仅让赌徒自己决定下多少注，而且让赌徒自己控制赌博结果，这简直疯了，就像让跑步者下注赌自己在自己设定的时间内跑完多少公里一样。尽管有这些优势，尽管回报超过了 7000 美元，但是 10 次有 8 次仍是减肥者输。

女性减肥者输的可能性特别大，这没有什么好惊讶的，因为很多女人定下的目标过于不切实际，令研究者匪夷所思。她们照着镜子，做着不可能实现的梦："拥有苗条曲线。"36-24-36 的理想三围还不够，要 4 号臀围、2 号腰围、10 号胸围——胸超级大、毫无赘肉，这样的身材要么就是天生不正常，要么就是做过塑身手术。

以此为理想，难怪这么多人定下不可能实现的目标。当你厌恶你在镜子中看到的形象，你需要自制力不去急速减肥。你需要提醒你自己，节食往往刚开始有用，但是长期下去会惨败。为了理解其中的原因，让我们从一个奇怪的现象说起，这个现象是研究者在实验室观察喝了奶昔的被试者时发现的。

去他的效应

彼得·赫尔曼（Peter Herman）带领的研究小组做了一个实验。被试者到达实验室时，正处于研究者所说的"食物剥夺状态"，就是俗话说的"饥饿状态"。他们好几个小时没吃东西了。研究者给了一些被试者一小杯奶昔，这一小杯奶昔只能缓解一下饥饿；给了另外一些被试者两大杯奶昔，这两大杯奶昔所含的卡路里足以让正常人觉得吃饱了。然后，研究者让两组被试者以及另外一组一点奶昔也没喝的被试者品尝食物。

那是个幌子。被试者如果知道有个研究暴食的人在看着自己吃东西，就会突然没了胃口、变得非常克制。所以研究者假装只想知道被试者对各种零食口味的看法，把他们一个个安置在小隔间里，那里放着几盘薄烤饼和曲奇，还有一张评价表。评分时，被试者想吃多少就能从盘里拿多少——盘里的吃光了还可以再要，他们总是自己对自己说，多吃一些是为了更好地评分。他们意识不到，评分并不重要，研究者感兴趣的只是他们吃了多少薄烤饼和曲奇、奶昔对他们有何影响、节食组和非节食组有何差异。

非节食组的反应在研究者的意料之中。刚刚喝了两大杯奶昔的被试者，只是轻轻咬了一下薄烤饼，迅速填了评分表。喝了一小杯奶昔的被试者，吃了更多薄烤饼。好几个小时没吃仍然饿着的被试者，嘎嘣嘎嘣地吃了很多曲奇和薄烤饼。所有被试者的反应都是可以理解的。

但是节食者的反应恰恰相反。喝了两大杯奶昔的被试者实际上比好几个小时什么都没吃的被试者吃了更多薄烤饼和曲奇。研究者大感惊讶。因为不相信，所以他们做了进一步的实验，结果仍然差不多。最后，他们终于明白为什么非常自律的人也很难节食成功。

研究者给这个现象取了个正式学名——反调节进食（counte-rregulatory eating），但是彼得·赫尔曼实验室的人及其同事就把他叫作"去他的效应"（what-the-hell effect）。节食者在心中限定了每日的卡路里摄入量，当他们哪天因为某个意外超过了限量，比如在实验中应研究者的邀请喝了两大杯奶昔，他们就会认为那天的节食泡汤了。因此，不管那天剩下的情况如何，他们都在心里把那天归为失败，只能从第二天开始再重新节食。所以他们想，"去他的，我今天可以好好享受了"，而之后的大吃大喝往往让他们长出更多的肉。那不是理性的，但是节食者好像意识不到这些大吃大喝造成的损害，就像赫尔曼的长期合作者（兼妻子）珍妮特·波利维（Janet Polivy）在一个后续实验中证明的那样。再次，研究者把饥饿的节食者和非节食者带到实验室，给其中一些节食者含有足够卡路里的食物，突破他们的每日限量。然后给所有被试者端上三明治，每块三明治都切成了 4 小块。最后突然问每个被试者吃了多少小块三明治。

大部分被试者毫不费力地回答了问题——毕竟，他们刚刚才吃的，知道自己吃了多少三明治。但是，那些超过了每日限量的节食者回答得明显不对。其中有些人高估了，有些人低估了。结果，不管是与非节食者相比，还是与没有超过每日限量的节食者相比，他们的回答都远远偏离实际情况。只要当天的节食没有泡汤，节食者就会记录自己吃了多少。但是，一旦超过了每日限量、屈服于"去他的效应"，他们就不再计算自己吃了多少，甚至不如非节食者清楚自己吃了多少。正如我们知道的那样，自我控制中，定下目标后，下一步就是监控，但是如果节食者不再记录自己吃了多少，他们又怎么监控呢？另外一个方法是，留意身体发出的"吃饱"的信号。但是，对节食者来说，这个方法最终还是会失败。

节食者的第22条军规

人类天生就有一个能力——吃得适量。婴儿的身体需要食物时，就会通过一阵阵的饥饿折磨发送信号。身体摄取了足够的食物，婴儿就不再想吃了。不幸的是，快入学时，孩子开始丧失这个能力。在某些人身上，这个能力终生都在衰退，而这些人往往最需要这个能力。几十年来，科学家们一直想弄清楚这个现象的原因，20世纪60年代以来，他们做了很多研究，其中有些研究让饮食研究发生了革命性变化。

在一个实验中，研究者在下午把被试者留在房间填写问卷，问卷很多，要做很长时间，房间里放有零食，被试者可以边做问卷边吃零食，房间里还有一个时钟，研究者对时钟做了手脚。把时钟调快时，肥胖者比其他人吃得多，因为时钟告诉他们，快到晚饭时间了，他们饿了。他们不留意身体的内部信号，而是根据时钟的外部信号吃东西。在另外一项研究中，研究者改变零食的种类，有时提供去壳花生，有时提供带壳花生。这似乎对体重正常的人没有影响，两种情况下他们吃下的花生量是一样的。但是，肥胖者吃的去壳花生远远多于带壳花生，因为去壳花生显然发送着更强烈的"来吃啊"信号。再次，肥胖者对外部线索反应得更强烈。研究者最初假设，这就是他们的问题所在：他们之所以变胖，是因为他们忽视身体的内部信号——"吃饱了"。

这是个合理的解释，但是研究者最后意识到自己混淆了原因和结果。是的，肥胖者忽视内部线索，但是这并不是他们变胖的原因。事实是：因为肥胖，他们很有可能节食，而节食让他们依靠外部线索而非内部线索。为什么节食就会依靠外部线索呢？因为，节食就要学会根据计划吃东西，而非根据内部感受和渴望吃东西。节食意味着你很多时候是饿的（即使减肥广告总是承诺不挨饿就减肥）。

更准确地说，节食意味着学会不在饿的时候吃，最好学会忽视饥饿感。你主观上只想忽视"开吃"信号，但是开始信号和停止信号互相夹杂，所以你往往觉察不到"停吃"信号，尤其是当你规定了每日限量的时候。你根据规则吃东西，只要你坚持规则，规则就会好好起作用。但是，一旦你违反规则——每个人都会在某些时候突破限量——就没有什么东西可以指导你。正因为如此，即使喝了两大杯奶昔，节食者和肥胖者也会继续吃，而且吃得更多。奶昔喂饱了他们，但是他们仍然不觉得饱。他们只有一条明线，一旦超过那条明线，就不再有限制。

现在，你可以争辩说，这些实验的真实启示是，节食者不该参加涉及奶昔的实验。如果他们不去实验室，不喝那些奶昔，他们就不会越过明线，超过每日限量。所以，如果节食者能够一直遵守自己的规则，如果他们从不超过每日限量，那么他们永远不会屈服于"去他的效应"。的确，他们觉得饿，但是只要他们有意志力遵守规则，他们就不会大吃大喝。

所有这些话都有一定道理，只要你不去真的用电影、冰激凌、巧克力豆考验节食者的意志力，就像凯瑟琳·沃斯和托德·海瑟顿在一系列实验中做的那样。心理学家招募长期节食的年轻女子，给她们看经典电影《母女情深》（*Terms of Endearment*）中催人泪下的一幕：年轻的母亲患了癌症，与丈夫、母亲和两个年幼的儿子做临终告别。研究者让一半的节食者压抑情绪反应，内部的、外部的情绪反应都要压抑，让另外一半节食者自然地流露情绪、流眼泪。之后，研究者让所有节食者填写一份心情问卷，然后把节食者一个个带到另外一个房间执行一个表面不相干的任务：评价几种不同的冰激凌。冰激凌放在几个很大但是半满的桶里，这样就让节食者以为实验者不知道桶里有多少冰激凌，进而不知道节食者吃了多少冰激凌。

但是，实验者当然事前、事后都认真测量了桶的重量。研究者发现，被试者的心情与被试者吃了多少没有关系：看过电影后更悲伤的被试者，并没有吃更多冰激凌来驱散悲伤。关键不是她们的心情，而是她们的意志。与看电影期间可以自由哭泣的人相比，看电影期间压抑情绪的人，往往更难压抑胃口。

因为损耗了意志力，所以她们吃掉的冰激凌明显更多——超过了一倍半。这当然再次证明了自我损耗效应。然而，它也表明，进食和节食可能会受到看似完全与之无关的事情的影响，而且这个发现经得起重复验证。看电影期间努力隐藏感受会耗尽你的意志力，让你后来在一个看似无关的独立情境下吃得过量。

在另外一个以节食的年轻女子为被试者的实验中，研究者把被试者留在房间看自然纪录片（讲的是大角羊，并不催人泪下），房间里还放着满满一碗巧克力豆，诱惑着被试者。对于某些被试者，巧克力碗放得很近，可以轻易够到，所以她们必须一直抵制诱惑。对于另外一些被试者，巧克力碗放在房间的另外一边，因此其诱惑比较容易抵制。之后，研究者让被试者在另外一个看不到食物的独立房间解无解的难题，就是做那个标准的自制力测验。坐在巧克力碗旁边的被试者在解难题时放弃得更快，说明她们的意志力因抵制诱惑损耗了。显而易见，如果你在节食，那么你不该长时间地坐在巧克力碗旁边。即使你抵制了那些显而易见的诱惑，你也会损耗意志力，之后容易吃下过量的其他食物。

但是，还有另外一个方法来避免这个问题，正如第三个涉及年轻女子和食物的实验说明的那样。这次，沃斯和海瑟顿除了考验节食者，还考验了非节食者，发现两者存在明显差异。非节食者可以坐在一系列零食（立体脆、彩虹糖、巧克力豆、咸花生）旁边都不损耗意志力。有些非节食者吃了零食，有些没有，但是，不管吃没吃，他们都不用费力地克制自己，所以他们剩下了相对充足的意志力用于其他任务。与此同时，节食者要与突破每日限量的冲动做斗争，渐渐地损耗意志力。节食者在社交场合遇到令人发胖的食物，也会经历同样的斗争。节食者可以抵御一段时间，但是每次抵制都会损耗一些意志力。

意志力变弱后，他们又碰到特别诱人的食物。为了继续抵制诱惑，他们需要补充损耗掉的意志力。但是，为了补充那个能量，他们需要让身体摄入葡萄糖。他们被营养学的第22条军规困住了：

1. 为了不吃，节食者需要意志力。
2. 为了有意志力，节食者需要吃。

面对这个吃不吃的两难困境，节食者也许告诉自己，最好稍微放松一下限量。她也许为了安抚自己的良心而这样合理化："看，我必须破坏节食计划，以挽救节食计划。"但是，我们知道，一旦突破了每日限量，她就容易对自己说："去他的。"然后说："开始大吃吧。"

甜食变得特别难以抵制，因为正如我们已经看到的那样，自我控制损耗血液里的葡萄糖。如果你曾经节食过，发现自己不能摆脱对巧克力或冰激凌的强迫性渴望，那么这不只是被压抑的渴望被唤醒的问题，更有可能是生理基础的呼声。身体"知道"，自己因自我控制损耗了血液里的葡萄糖；身体似乎还知道，吃甜食一般是摄入葡萄糖的最快方法。在最近的实验室研究中，大学生执行了与食物或节食没有一点关系的自我控制任务后发现自己更渴望甜食了。当研究者允许他们在上个任务与下个任务的间隙吃点零食，那些在上个任务中运用了自制力的人吃了更多甜味零食，而不是其他（咸味）零食。

如果对甜食的渴望过于强烈，那么你可以使用以下几个策略。第一个是延迟享乐策略：告诉你自己，你可以稍后吃一小块甜点心，如果你仍然想吃的话。（我们稍后还会讨论这个策略。）与此同时，吃点别的东西。记住，你的身体之所以渴望能量，是因为它把某些储存的能量用于自我控制了。身体觉得渴望甜食，只是因为吃甜食是补充能量的熟悉而有效的方法。健康食物也能提供身体所需的能量，虽然不是你想要的。

还要记住一点，损耗状态让你对一切的感觉都比往常强烈。对于损耗了能量的人来说，欲望和渴望格外强烈。节食经常性地损耗意志力，所以节食者经常性地处于损耗状态，处理事情的能力也会大大降低。节食还会让渴望变得特别强烈——比原有的对食物的渴望还要强烈。这也许有助于解释为什么很多节食者最终好像学会了漠视身体对食物的需求和感受。

节食者的第 22 条军规，没有应对良策。不管你最初有多少意志力，如果你在节食期间在甜品桌旁坐了够长时间对自己说"不可以"，那么"不可以"最终很有可能变成"可以"。你需要回避甜品车——或者，还有更好的办法，刚开始就避免节食。不要把意志力浪费在严格的节食上，要摄入足够的葡萄糖来保存意志力，把自制力用在更有希望的长期策略上。

为大战做准备

当你不饿的时候，当你有葡萄糖的时候，你可以为大战做准备。你可以使用一些经典的自我控制策略，从预设底线开始。对减肥来说，预设底线的终极形式即必胜形式——就像奥德修斯把自己绑在桅杆上——是胃旁路手术，它能从生理上阻止你吃东西。不过预设底线还有很多比较温和的形式。你可以首先把令人发胖的食物放在够不着的地方（就像实验中的年轻女子把巧克力豆放在够不着的地方），这样你就既能回避卡路里又能保存意志力。在一个实验中，把糖果放在抽屉里与放在桌面上相比，办公室职员在前一种情况下吃掉的糖果比在后一种情况下少 1/3。为了避免吃夜宵，你可以使用一个简单的预设底线策略，晚上早刷牙，也就是在吃了晚饭没多久，还没受到夜宵诱惑之前刷牙。虽然刷牙不能从生理上阻止你吃东西，但是这个根深蒂固的睡前习惯可以无意识地提醒你不要再吃了。而且，在意识层次上，它让零食看起来较不诱人了：你既想吃甜食，又想偷懒不再刷牙，你必须在这两个冲动之间权衡。

你可以考虑更复杂的预设底线策略，像与博彩公司打赌，或者与 fatbet.net 或者 stickk.com 之类的网站（这类网站允许你自己设定目标和罚金）签订减肥协议。严厉的惩罚——像把几百或几千美元捐给自己厌恶的机构——可以起到作用，但是不要指望金钱会创造奇迹，如果你设定了不可能实现的目标，那么设定再多罚金也枉然。减掉体重的 5%~10% 是比较符合实际的目标，但是超过那个范围就很难克服身体的本能倾向。与威廉·希尔打赌的减肥者设定的目标一般是，每周减掉大约 3 磅、总共减掉大约 80 磅——难怪他们当中有那么多人失败。把钱放在 stickk.com 的人减肥成绩较好，因为 stickk.com 禁止任何人把目标定得高于每周 2 磅或者体重的 18.5%。一下子少吃很多东西是可以短期内减掉很多体重，但是节食太严格就很难坚持下去，那么这样做又有什么好处呢？最好是渐渐地改变，让每次变化都能维持较长一段时间。慢慢地接近目标，实现目标后要坚持下去，因为减肥最难的部分是把减下来的体重保持下去不反弹。如果你用激励措施实现了减肥目标，那么你一直要用同样的激励措施来保持体重不反弹。

你也可以尝试另外一个策略，心理学家把这个策略叫作"实施意向"（implementation intention），即把行为自动化。为了减肥，你不要制订笼统的计划，而要制订非常详细的计划，规定在某些情形下具体要怎么做，比如，在聚会上遇到非常诱人但令人发胖的食物，你要怎么办。实施意向要以"如果……那么……"形式出现：如果 x 发生了，我就会做 y。你越利用这个技术把行为自动化，你耗费的努力就越少。一些涉及斯特鲁普测试（第 1 章讨论过）的实验证明了这一点。看到绿色字体的词"绿色"，你可以迅速确认字体的颜色；但是，看到绿色字体的词"蓝色"，你要花更长时间才能确认字体的颜色。而且，如果你在做斯特鲁普测试之前就损耗了意志力（就像一

个英国研究者在实验中对被试者做的那样），那么你要花更长
时间才能确认字体颜色。但是，他们发现，通过训练提高行为
的自动化程度，可以弥补意志力的减弱。在确认字体颜色任务
开始之前，被试者先形成一个实施意向：如果我看到一个词，
那么我要忽视它的含义，只看第二个字母以及字体的颜色。这
个具体的"如果……那么……"指令让任务的自动化程度提高
了很多，对心智资源的要求降低了很多，因此是可以完成的，
即使在被试者的意志力已经减弱的时候。

所以，在参加聚会之前，你可以为自己准备这样的实施意
向："如果他们提供薯条，那么我一点儿都不吃"；或者，"如
果有自助餐，那么我只吃蔬菜和瘦肉"。对培养自制力来说，
这个方法简单但惊人的有效。下决心把拒绝薯条变成自动行
为，你就能相对不费力地做到，即使是在傍晚意志力比较弱的
时候。而且，因为相对不费力，你可以拒绝薯条但仍然有足够
的意志力来应对下个诱惑。

更根本的预设底线是，根本不去参加那种普通聚会，而
去参加素食聚会。我们并不是建议你抛弃胖胖的老友，但是人
的体重与交友情况好像确实有关。分析过社交网络的研究者发
现，胖人往往与胖人聚在一起，瘦人往往与瘦人聚在一起。社
会距离似乎比物理距离更重要：与胖人做朋友同与胖人做邻居
相比，在前面那种情况下你变胖的可能性更大。很难分清哪是
因哪是果——无疑人们喜欢与有着共同习惯和爱好的人做朋
友。但是，同样不可否认的是，经常交往的人，会染上彼此的

习惯和标准。减肥中心的会员之所以能（至少在一段时间内）瘦下来，一个原因是他们与另外一些同样努力减肥的人待在一起的时间比较长。我们前面指出过，吸烟者中存在类似现象，亲朋好友戒了烟的人，自己更有可能戒烟。

来自于同辈的压力有助于解释为什么欧洲人比美国人瘦：欧洲人遵循不同的社会规范，像只在早中晚的吃饭时间吃东西，而不是整天都吃零食。欧洲社会科学家来到美国在大学实验室研究人们的饮食习惯，吃惊地发现不管什么时候他们想做实验就能做，因为美国大学生在上午或下午的任何时间都乐于吃东西。在法国或意大利，很难找到一家在非吃饭时间开着的餐厅。那些社会规范，让人们形成了通过自动行为保存意志力的习惯。欧洲人不是有意识地决定是否吃零食，不是与诱惑做斗争，而是依赖等价于实施意向的东西：如果是下午 4 点，那么我什么都不吃。

称体重，估卡路里

如果你打算减肥，那么你应该多久称一次体重？标准建议曾是不要每天都称，因为你的体重会自然波动，如果哪天体重莫名其妙地增加了，你就会灰心。减肥专家说，要想保持动机，就该每周只称一次。在鲍迈斯特等自我控制研究者看起来，那个建议比较奇怪，因为他们在其他问题上的研究一致地表明，频繁监控有利于自我控制。最后，一项周密的长期研究跟踪调查了减肥成功的人。这些人当中，有些每天称一次，有些不是每天都称。结果证明，传统智慧是错的。

在保持体重不反弹方面，每天都称体重的人远远做得更成功。他们更不可能大吃大喝，他们每天面对体重数据时并没显出任何幻灭或者其他悲痛迹象。对减肥独有的各种挑战来说，有个常见策略仍然有效：越认真、越频繁地监控自己，就会越好地控制自己。如果觉得每天记下体重数据太过烦琐，那么你可以把这些苦工外包出去，比如使用带有电子体重记录仪的称。有些型号的记录仪甚至可以把每天的数据传到你的电脑或智能手机上，然后，这些数据可以制成图表，方便你监控。

连非常简单的监控也可以起到很大的作用，正如研究者在调查一个奇怪的现象时发现的那样。这个奇怪的现象就是：囚犯会变胖。原因显然不是监狱伙食很好，从来没有哪家监狱聘请美食大厨专门为囚犯做饭。但是，坐牢出来的人一般比刚进牢房时胖。根据康奈尔大学布赖恩·万辛克（Brian Wansink）的说法，原因在于囚犯不束皮带也不穿紧身衣。在宽松的囚服里，他们感觉不到变胖的微妙信号。这些微妙信号其他人就能感觉得到：人变胖了，裤子就会变紧，皮带必须松个扣。

除了监控你的身体外，你还可以监控你给身体喂了什么。忠实地记录吃下的所有食物，你就很有可能更广地摄入卡路里。在一项研究中，写饮食日记的人减下的体重是使用其他减肥策略之人的两倍。它还有助于记录食物中含有多少卡路里，尽管众所周知那很难估计。我们所有人，甚至包括专业营养师，往往会低估盘子里有多少食物，特别是面前摆有大量食物时。而且，我们还会被营养学家的警告和食品公司的把戏迷惑。食品公司经常使用"低脂"或"有机"之类标签制造研究者所说的"健康光环"。蒂尔尼在纽约市布鲁克林区公园坡（Park Slope）一个无不良饮食习惯的住宅区调查了这个现象，用的是皮埃尔·尚东（Pierre Chandon）和亚历山大·谢尔勒夫（Alexander Chernev）设计的实验。他给一些居民看的图片，上面是连锁快餐店苹果蜂（Applebees）的产品，包括鸡肉沙拉和百事可乐；他给另外一些居民看的图片，上面除了有鸡肉沙拉和百事可乐外，还有一些薄烤饼，薄烤饼上显著地标着"不含反式脂肪"。薄烤饼上的好标签把这些居民迷住了，所以他们对含薄烤饼快餐卡路里含量的估计值低于不含薄烤饼的快餐。标签神奇地转变成了"负卡路里"，在公园坡的非正式实验中如此，在谢尔勒夫后来发表的一个正式的业内评估研究报告中亦如此。其他研究表明了，外行人员和营养专家都一致地低估了标有"低脂"食物的卡路里含量，结果吃了更多这样的食物。

为了克服这些问题，当标签或菜单标出卡路里时，或者当你有个带卡路里监控程序的智能手机时，你可以多多关注食物的卡路里含量。当你搞不清楚卡路里含量时，你至少可以试着关注面前的食物，但很少有人这么做。与吃东西结合在一起的活动，最常见的是社交和看电视——两项活动都与卡路里摄入量增加有关。研究者一再指出，在电视机前吃零食就会吃得更多，被电视吸引住时（比如看拍得很好的喜剧片或恐怖片）比没被电视吸引住时（比如看无聊的节目）吃得更多。在一项研究中，节食女子被电影吸引住的时候，进食量增加了两倍。

与朋友和家人一起吃正餐，更关注公司而非食物的时候，人们往往吃得更多。配上红酒或啤酒，他们就更不关注食物，因为酒精会减轻自我意识进而会损害自我监控。即使处于清醒状态，人们也会因为过于漫不经心而不断从碗里喝汤，正如布赖恩·万辛克在康奈尔大学做的一个著名实验表明的那样。他在碗底接了一个隐形导管，偷偷向碗里添汤。被试者就不断从无底碗里喝汤，因为他们太过习惯于面前有什么就吃什么、有多少就吃多少。如果你依赖外部的线索而非自己的胃口，那么只要面前有很多东西可吃你就极有可能发胖，自己还意识不到。当食物盛在大盘子里或者当饮料装在大杯子里时，你往往会低估卡路里的增加量，因为你对三维容量的直觉并不好。如果电影院只改变爆米花袋的一个维度，比如把高度增加3倍，那么你会立即看出它能装3倍的爆米花。但是，如果爆米花袋的长、宽、高同时增加，使容积变成原先的3倍，你就很难看出它能装3倍的爆米花。于是，你买下大包装的——然后统统吃掉。电影院用什么包装、餐厅用什么盘子，你是不能控制的；但是，在家里，你可以用小盘子、小杯子来减少进食量。

为了更容易监控吃了多少，你还可以慢些收拾餐桌。有人在运动酒吧做实验时发现，如果服务员把客人吃剩的骨头留在盘子里，客人吃掉的鸡翅就会少很多。而在另外一个餐桌上，如果服务员热情地清理掉骨头，客人就会骗自己，忘掉吃了多少鸡翅。但是，如果证据还留在桌子上，客人就不可能骗自己，骨头在替他们监控。

决不说"决不"

　　节食研究的结果往往令人沮丧，但是任何事情都有例外，我们把我们最喜欢的那个令人愉悦的发现留到最后说。这个发现是市场营销研究者在一个甜点车实验中得到的，他们做这个实验的目的是想弄清自我控制的核心问题：为什么自我克制如此之难？正如马克·吐温在《汤姆·索亚历险记》中说的那样："承诺不去做某件事，是让身体去想做那件事的最保险的方法。"那是人类心理比较令人沮丧的一面。为了寻找答案，研究者尼科尔·米德（Nicole Mead）和瓦妮萨·帕特里克（Vanessa Patrick）考虑了不同类型的自我克制。

　　他们首先用美食图片做了一些实验。他们让被试者想象这些美食放在一家餐厅的甜点车上。有些被试者想象挑选自己最喜欢的甜点吃。另外一些被试者想象拒绝甜点，拒绝方法有两种。通过随机分配，研究者让一些被试者想象自己下决心一点儿都不吃，让另外一些被试者想象有人告诉自己，现在一点都不要吃，但稍后想吃多少就吃多少。这就是拒绝享乐和延迟享乐的区别。

之后，研究者测量被试者多久因渴望甜点而分心一次。研究者知道未完成的任务会闯入人的大脑（我们在第 3 章讨论过的蔡氏效应），所以预计甜点特别容易让延迟享乐的人分心。然而，令人惊讶的是，对自己说"现在不行，稍后可以"的人比另外两组人（一组想象自己吃了，另外一组断然拒绝了）更少因为美食图片分心。研究者原本预料，彻底拒绝的话，渴望就会少一些，因为大脑会认为已经结案了——别再争了！但是，结果恰恰相反，拒绝享乐意识并没有战胜原有的欲望。就甜点而言，大脑不接受"不"，至少在这个实验中是这样。

但是，如果涉及真正的食物，那会怎样？为了找到答案，研究者一次带一个被试者到房间里看短片，还在看片的位子旁边放一碗巧克力豆（巧克力豆是实验室永远的最爱，因为它们比较好打理）。研究者让一些被试者想象自己下决心看片时想吃多少就吃多少，让另外一些被试者想象自己下决心一点巧克力豆都不吃，让第三组被试者想象自己现在不吃巧克力豆但是留着稍后吃。一般而言，指导语是有效的：与想象拒绝享乐或延迟享乐的被试者相比，想象真的吃了的被试者最后吃的巧克力豆明显多很多。之后，研究者让被试者做一些问卷，做完了之后，研究者骗被试者说实验结束了，然后让被试者留下来再做一份问卷，这份问卷表面上是关注实验室布置得如何。

然后，研究者表现得像事后想起来的样子，把那碗巧克力豆再次递给被试者，说："你是我们今天最后一个被试者，其他人都走了，所以这些都剩下来了，自己拿着吃吧。"研究者出去了，把被试者单独留下来填问卷并吃个饱，还制造出没有任何人看着或在意的假象。但实际上，研究者一如既往地非常在意。他们事先称过碗的重量，被试者离开后立即又称了碗的重量。

被实验人员单独留在房间与巧克力豆待在一起，告诉自己延迟享乐的人就有绝佳机会放纵自己。你会想，他们会狂吃巧克力豆，而那些发誓不碰糖果的人要么依然克制，要么只轻轻咬一点儿。但是，事实恰恰相反。延迟享乐的人吃得明显少于拒绝享乐的人。要是两者吃得同样多，那也同样令人印象深刻。毕竟，延迟享乐的人十分期待稍后大吃一顿。

延迟享乐的人吃得最少，实在引人注目。这说明，告诉自己"稍后再吃"在心理上所起的作用和现在就吃一样。它在一定程度上满足了渴望——对于压抑胃口来说，可能比实际吃了更有效。实验的最后一个部分，所有人都单独留在房间与一碗巧克力豆待在一起，延迟享乐的人吃得甚至少于允许自己随意吃糖果的人。而且，压抑效果似乎持续到实验室之外。实验结束后次日，实验人员给每个被试者发了一封邮件，邮件里有一个问题："如果此刻有人给你巧克力豆吃，你有多想吃？"结果表明，与彻底拒绝的人和吃到饱的人相比，延迟满足的人想吃巧克力豆的欲望较弱。

拒绝甜点是需要意志力的，但是，与说"决不"相比，说"稍后"对心理的压力显然较小。长期看来，你最后想得更少、吃得更少。而且，你可以因为另外一个效应获得更多乐趣。有个实验问人们：如果付钱亲吻自己最喜爱的电影明星，今天亲吻的话，愿意付多少钱？3 天后亲吻的话，愿意付多少钱？一般情况下，人们会为即时享乐付更多钱，但是在这个情况下，他们会多付钱推迟亲吻，因为这样他们就有 3 天时间仔细品味美好前景。类似的，等段时间再吃火焰冰激凌或岩浆巧克力蛋糕，就有时间享受美好前景。因为已经提前享受了，所以最终可以随意吃的时候，你也许就不太需要吃很多，你更有可能吃适量。对比之下，如果你发誓完全不碰某样东西，最终屈服于它的诱惑，那么你会说，"去他的"，然后拼命地吃。

所以，就食物而言，决不要说"决不"。当甜点车到了，不要眼巴巴盯着不能吃的东西。要发誓迟早会把它们都吃掉，但不是今晚。学学《飘》里的斯嘉丽·奥哈拉（Scarlett O'Hara）的精神，告诉你自己：明天又是新的一天。

意志力的未来：
收获更多，压力更少——只要你不拖延

> "请赐予我贞洁和节制吧，但不是现在。"
>
> ——圣徒奥古斯丁青年时代的祷告词，那时他还不是圣徒

像年轻的奥古斯丁一样，有朝一日每个人都会明白意志力的好处。但是，如果真有那么一天，那么对我们这些非圣徒来说，那一天什么时候到来呢？如果意志力是有限的，而诱惑层出不穷，那么这个美德要如何不断再生呢？

我们没有低估前方的困难，但是我们仍然看好意志力的未来，不管是在个人水平上还是在社会水平上。是的，诱惑越来越复杂高级，但是抵制诱惑的工具也越来越复杂高级。现在的人比原先的人更明白意志力的好处。很多最新的研究可以总结

成一条简单的规则：减轻生活压力的最好方式是别把生活弄得一团糟。那意味着，好好安排你的生活，提高成功的可能性。成功的人并没把意志力用于紧急情况下的最后一搏，正如鲍迈斯特及其同事最近在大西洋两岸观察到的那样。（在我们前面提过的BP机研究中）从早到晚监控德国人后，研究者吃惊地发现，意志力强的人花在抵制欲望上的时间比其他人少。

起初，鲍迈斯特及其德国合作者迷惑不解。意志力理应用来抵制欲望，那么为什么意志力强的人并没更经常地使用意志力？之后，研究者形成了一个解释：这些人较少需要运用意志力，因为他们较少受外界诱惑和内心冲突的困扰。他们更擅长通过好好安排生活来避免陷入麻烦。这个解释符合另外一项研究的结论，这项研究是荷兰研究者与鲍迈斯特合作的，它表明意志力强的人并没把意志力主要用于救急，而是主要用于在学习和工作中培养有效的日常习惯。最近，另外一组研究也证明了日常习惯的效果。这组研究是在美国进行的，它们表明意志力强的人生活压力较小。他们并没把意志力用来度过危机，而是把意志力用来避免危机。他们给自己足够的时间完成项目，他们在汽车出毛病之前就送到店里维修，他们远离"让你吃到饱"的自助餐——他们以攻为守。

在结语这部分，我们打算总结以攻为守的策略。首先说说最显而易见但最被忽视的一条规则：不要拖延。拖延几乎是个无处不在的恶习。西塞罗骂拖延者"可恨"，乔纳森·爱德华兹（Jonathan Edwards）有篇训诫词从头到尾都是针对"拖延的罪恶和愚蠢"。根据现代调查，95%的人承认有时拖延（我们不知道另外那5%的人是谁，也不知道这95%的人想敷衍谁），但是，随着社会日益现代化、诱惑日益增多，问题好像越来越严重了。心理学家皮尔斯·斯蒂尔（Piers Steel）分析了过去40年世界各地的数据之后报告说，习惯临阵磨枪的人大大增加了。根据国际调查，今天这种人占总人口的比例为20%。在一些美国调查中，一半以上的人认为自己是习惯性拖延者，员工估计自己把1/4的上班时间浪费了——每个工作日两小时。按照标准工资计算，那意味着每个员工每年工资中有1万美元支付给了松劲懈怠的那段时间。

　　心理学家以及临阵磨枪者过去常常把这个恶习归咎于追求完美的强迫倾向。每当启动一个项目，这些完美主义者就会非常担忧和焦虑，因为他们认为项目达不到他们的理想标准，所以他们拖拖拉拉，或者干脆不做了。这在理论上是有道理的，而且无疑在某些情况下符合事实，但是研究者多次调查后并没发现拖延习惯与完美主义之间存在稳定可靠的关系。心理学家之所以最初误以为两者存在关联，一个原因也许是样本选择性偏差：高标准的拖延者比低要求的拖延者更可能因为拖延问题寻求帮助，所以完美主义者更常出现在心理学家的治疗室。但是有很多高标准的人并不拖延，不熬通宵也把工作做得很好。

　　确实有一定关系的是冲动性，这个特质在拖延研究中多次出现过。两者的相关有助于解释最近的一个发现：与女性相比，男性，特别是年轻男性，更容易出现拖延问题。因为男性更难控制冲动。为困难任务担忧时，或者仅仅为日常琐事烦恼时，拖延者习惯屈服于那个做些其他事情来改善心情的冲动。他们追求即时奖励，喜欢玩电脑游戏，甚至清扫厨房，也不愿写期末论文，而且他们努力忽视长远后果。不由自主地想到将来的截止日期时，他们甚至试着告诉自己，明智做法是等到最后一分钟："在最后期限的压力下，我工作效率最高。"但是，他们基本上是自己骗自己，正如鲍迈斯特和黛安娜·泰斯发现的那样。

最后期限测试

拖延实验的地点一般选在特别容易找到拖延者的环境——大学校园。大学生一般承认他们把 1/3 的清醒时间耗在了拖延上，谁知道实际上是几分之几呢。在凯斯西储大学教授健康心理学课的泰斯，通过两个手段识别课堂上的拖延者。首先，学期开始时，她让学生填写一份学习习惯问卷。然后，她布置一篇论文，规定学期过半的某个周五交上来。她说，这个周五没交上来的学生，可以在下个周二交上来。她还说，如果下个周二也没交上来，那就在下个周五交到她的办公室——超过原定最后期限整整一周。后来，她发现，在拖延问卷上得分高的学生，甚至都没有劳神记下前两个最后期限。对他们来说，延长了两次的最后期限才是唯一算数的最后期限。

批改论文的是一些讲师，这些讲师不知道各篇论文是何时上交的，但是泰斯和鲍迈斯特知道，这样他们就可以比较不同学生的成绩。拖延者（根据学习习惯问卷和论文提交时间来衡量）确实做得更差，不管是在哪个指标上：论文评级更低，期中和期末考试分数更低。拖延者在学习上蒙受损失，那么有没有可能在其他方面获益了？泰斯还给心理健康课上的学生布置了另外一个独立的任务：记录自己的健康情况，包括身体出现的所有症状和疾病，多久去学校医务室或者其他医疗服务机构一次。回顾第一学期的研究，泰斯发现了一个令人吃惊的现象：拖延者更健康！他们报告的症状更少，看医生的次数也更少。这好像跷跷板：诚然，早起的鸟儿按时完成作业，取得了更好的成绩，但是拖延者更健康。在最后期限之前运用意志力似乎要付出一些代价，这个代价也许是把葡萄糖从免疫系统那里转移出来。但是，仔细思索后，鲍迈斯特和泰斯记起来了，记录健康状况的任务在学期最后一周前结束了，而拖延者就是在学期最后一周写论文的。他们没做作业时也许更健康，但是在学期结束、最后期限到来时是什么情况呢？

所以，研究者在另外一个学期用另外一个班重做了一次实验。这次，学生记录自己的健康情况一直记到期末考试结束。这次，拖延者在前大半个学期成绩更差、身体更好，而一些早起的鸟儿在写论文期间感冒了。离最后期限还很远时，拖延者过得很好，经常玩飞盘、参加派对，而且睡眠充足。但是，欠了账，总是要还的。学期即将结束之际，拖延者的压力明显大于其他人。现在，他们必须一门心思赶做没做完的作业，他们报告的症状和疾病急剧增加。实际上，拖延者学期即将结束之际相对于其他人病得太过严重，抵消了前大半个学期相对于其他人的健康优势。他们为熬夜付出了代价，整个学期综合看来，他们在健康方面的问题更多。

最糟糕的拖延者甚至错过了第三个即最后一个最后期限，他们得到了"未完成成绩"[①]，把作业拖到下个学期——极端拖延啊。大学允许"未完成成绩"，但是要求所有作业必须在下学期期末某个周五的下午 5 点以前上交以登记成绩。那么，对泰斯那些得到"未完成成绩"的学生来说，这个星期五就是严格的最后期限，不容错过。得到"未完成成绩"的学生，当然包括学期刚开始在拖延问卷上得分最高的那个女生。根据规定，她有责任与老师制定一个写作业进度表，让老师有时间批改作业、给出成绩。时间一周周过去，她什么都没说。最后，在那个关键周五的下午，还差两个小时就登记成绩的时候，她打电话了：

"嗨，泰斯博士，"她说，听起来若无其事，"你能提醒我一下，你上学期在课堂上布置了什么学期论文吗？"

正如你可能猜到的那样，她并没有按时写完论文。总会在某个时候，再多意志力也救不了你。但是大多数人——包括长期拖延者——可以通过以攻为守来避免那个命运。目前为止，

---

① 美国很多大学都有这种制度。当学生未能参加考试或完成作业时，在学期结束时成绩就是"未完成"。学生必须在下个学期补考、补上作业。这样根据补考成绩老师会把成绩补上，有时会适当减分。——译者注

我们在本书讨论了几百个自我控制实验和策略。现在，让我们回顾一下它们并利用起来。

💡 启示 1：了解你的极限

　　不管目标如何，以攻为守总要从认识第 1 章的两条基本启示开始：第一，你的意志力供给是有限的；第二，你从同一账户提取意志力用于各种不同任务。每天刚开始时，你的意志力储量最大，至少在你睡了美美一觉、吃了健康早餐之后是如此。但是，之后一整天的事情会慢慢损耗你的意志力。现在的生活十分复杂，因此你很难一直记住：所有这些看似无关的琐事和要求都从你身体内部的同一账户提取意志力。

　　想象典型的一天发生的一些事情。即使你的身体还想睡觉，你也把自己从床上拽起来；你忍受交通拥堵；在上司或配偶让你生气的时候，或者在店员说"稍等 1 秒钟"却隔了 6 分钟才回头理你的时候，你管住嘴巴不骂人；在无聊的会议上，同事絮絮叨叨说着无聊的话，你努力让脸上保持一副感兴趣、够警觉的表情；在不能上厕所的时间想上厕所，你必须憋着。项目艰难，你努力让自己迈出第一步；尽管午餐时想吃光盘子里的法国薯条，但是你强迫自己留下一半，或者（与自己讨价还价后）几乎一半；你督促自己去慢跑，让自己一直跑完规定长度。这些事情都各不相关，可是你在其中一件事情上耗费的意志力越多，留给其他事情的意志力就越少。

这个损耗在直觉上并不明显，尤其是说到对做决定的影响。实际上，没有人在直觉上感到做决定是多么累人。晚餐吃什么、去哪里度假、聘用哪个人、花多少钱——所有这些决定都要耗费意志力。连假想的决定也要损耗能量。记住，做了艰难决定后，你的意志力会减弱。

还要记住，重要的是过程不是结果。如果你与诱惑做斗争然后屈服了，你还是会损耗意志力，因为你做斗争了。屈服不能让你把已经损耗的意志力补回来，屈服只能让你不再损耗意志力。你也许一天之内向很多诱惑和冲动屈服了但仍然用了很多能量，因为你与每个诱惑和冲动都做了一会儿斗争。强迫你自己做此刻不想做的事情——喝酒、做爱、抽烟——会让你的意志力变小。类似的，最累人的决定，是那些对别人来说不算什么但对你来说最艰难的决定。你去租公寓，有两套公寓可选，公寓A的房间多一个，价钱合适，你租得起；公寓B的景观较好，价钱很贵，你租不起。尽管你的理性自我也许坚信你应该租公寓A，但是拒绝公寓B仍然会损耗你的意志力。

💡 启示 2：留意你的症状

损耗并没有明显的"感受"，因此你自己需要留意那些容易被误解的微妙迹象。让你特别厌烦的事情不该让你特别厌烦吗？生活的"音量"是否莫名其妙地调大了，让你对一切事情的感受都比平常强烈？突然很难下决心，哪怕是在小事情上？你比平常更不愿意做决定，也更不愿意在身体或心理上强迫自己？如果你注意到自己有诸如此类的感受，那么最好反思一下，看看最近几个小时你有没有可能损耗了意志力。如果是的，那么努力保存剩下的意志力，与此同时要料到意志力减弱对行为的影响。

处于损耗状态时，你觉得烦人的事比平常更烦人。你更容易说让自己后悔的话。吃、喝、花钱或者做其他事情的冲动，比平常更难抵制。正如我们前面说过的那样，减轻生活压力的最好方式是别把生活弄糟，但是处于损耗状态时，你很有可能犯错误，这些错误会给你带来更多账单（等你支付），会损害你的人际关系（等你修复），会增加你的体重（等你减掉）。最好别在精力不足的时候做有法律效力的决定，因为那个时候你容易选择短期获得收益、延迟支付成本的选项。为了弥补这一点，你可以在做决定时赋予长期后果更多权重。为了避免屈服于非理性偏差和启发式偏差，你最好把做决定的理由表达出来，考虑它们是否有意义。

你的判断能力会受损，很难做到公正无偏。你倾向于维持现状，不愿折中，特别是如果折中比较耗神的话。就像我们在第4章讨论过的处于损耗状态的假释法官一样，你倾向于选择更安全、更容易的选项，即使那个选项会伤害其他人。意识到这些效应，你就能更好地防备损耗状态的某些危险。

　　而且，像我们在第 2 章讨论过的演员吉姆·特纳一样，你也许发现自己连最简单的选择都做不出，即使这些选择做了之后对你有帮助。特纳在一幕独白剧中讲述到，一天，在海滩上，他觉得他的血糖降到了危险水平。他意识到他和他儿子（当时 4 岁）必须迅速离开，他们开始收拾玩具，把玩具放在他带到海滩上的两个箱子里。收拾玩具是很平常的事情，但是血糖水平过低的特纳脑子发蒙了：哪个玩具放在哪个箱子？他绝望地固守他想到的第一条规则（每个玩具必须来的时候放在哪个箱子走的时候也放在哪个箱子），着魔似的一遍遍重新排列玩具。时间在不断浪费，他的血糖水平在继续降低。之后，当他们终于收拾好玩具，走向海滩边的零食店和公共厕所时，他又被另外一个决定难住了。

　　"我在那里站了 15 分钟，心里进行着这样的对话：先撒尿还是先吃东西？"特纳回忆说，"我的儿子拽着我，但是我决定不了。太耗神了，我最后只好坐下。我的儿子大发脾气。我们在那儿待了近半小时，我才终于设法站起来去吃东西。"

　　你也许记住了特纳的形象——一个大男人累得瘫坐在海滩上，无法决定是先上厕所还是先吃东西，下次你会发现自己也在与日常决定做斗争。缺乏葡萄糖就可能造成这个结果。"感觉就像一部分大脑被拿走了，"特纳说，"你无法集中注意力。你呆坐在那儿，知道自己应该做某件事情，奇怪自己为什么就是做不到。"你无法做那件事，除非做出一个决定。特纳正是因为如此才挽救了自己，这个决定就是：先吃东西。为了给被试者补充基本能量，实验室研究者让被试者喝含糖饮料，因为糖能更快发挥作用，但是最好摄入蛋白质。给身体喂些健康食品，等半小时后，要做的决定看起来就不那么难了。

💡 启示 3：挑选你的战斗

你无法控制甚至无法预测生活中的压力，但是你可以在冷静期——至少在平静的时刻——计划如何以攻为守。开始定期健身，学习新技能，戒烟，少喝酒，控制饮食。所有这些事情，不管是哪一件，最好在其他事情对意志力的要求相对较低的时候做，这样你就可以留出很多意志力给它。你可以选择战斗——弄清哪些战斗太难。连大卫·布莱恩那样有着钢铁意志和惊人耐力的人也知道自己有极限。当我们跟他讲述斯坦利在丛林里的艰难跋涉，他一听到不断有成群的蚊子和其他虫子骚扰就露出害怕的表情。

"那个，我做不到，"布莱恩说，"如果到处都是蚊子，我会逃走，我就是对付不了蚊子。"

选择战斗的时候，不要只看眼前的挑战，要全面地看你的人生。你在你想在的位置吗？什么方面可以改善？你可以做些什么来改善？当然，你不能每天都这样做，而且也不能在工作忙、压力大的时候这样做，但是你可以一年至少空出一天——也许在生日那天反思反思，在纸上记下前一年你过得有多好。当你把这变成一年一度的惯例，你就可以回顾前些年记下的东西，看看你在过去取得了哪些进步：哪些目标实现了？哪些目标还在？哪些目标无望？你应该一直有一个 5 年目标（至少是模糊的 5 年目标）和一些比较具体的近期目标，像我们在第 3 章讨论过的月度计划。要清楚自己本月想实现什么目标以及如何实现那个目标。留点活动余地，还要对挫折有所预期。月末检查进度时，要记住你不必每次都实现每个目标——重要的是，你的人生一月一月地渐渐改善了。

想迅速实现重大转变，往往会事与愿违，因为这一般很难做到。如果你不能一下子戒掉香烟，那么试着每天少抽两三根。如果你喝酒太多又没发誓远离酒精，那么你可以制订一个周计划，规定只在周末喝酒，或者规定每周哪几个晚上不喝酒，其他晚上想做什么就做什么。你能在某个晚上中途停下一小时不喝酒，看看你在哪里，然后好好决定是否继续喝吗？如果你能，那个周计划就是有效的。如果不能，那就不要拿自己开玩笑了。有效的计划甚至应该做意志力预算。你今天会怎样使用意志力？今晚呢？下个月呢？如果前方有额外的挑战，像处理税务或者出差，那就先弄清从哪里获得额外的意志力，比如降低其他事情对意志力的需求。

做时间预算时，只给辛苦的工作预留必要的时间。记住帕金森定律：有多少时间可用，工作就能做多久。为冗长乏味的任务定下严格的时间限制。"打扫地下室"或"整理壁橱"可能占用一整天——如果你有一整天做这些事情的话。但是你不会有，因为你不想把一天的生命浪费在如此琐碎的事情上。但是，如果你定下严格的时间限制，比方说一两个小时，那么你也许本周六就会做一些（然后，有必要的话，计划另外一个周末抽出一小段时间做剩下的）。连工效大师戴维·艾伦也顾忌帕金森定律。每次外出宣讲《搞定：无压工作的艺术》，他总是直到出发前 35 分钟才开始收拾行李。"我知道我能在 35 分钟内收拾好行李，"他说，"但是，如果早早就开始收拾行李的话，我会花 6 个小时。给自己定个最后期限，我就能强迫自己做不想提前做的决定——我接受了自己的这一特点。我有更大的战斗要打。"

💡 启示 4：列个任务清单——至少列个"不做清单"

我们在第 3 章专门讲述了任务清单的光辉历史，但是我们明白有些读者也许仍然不想列任务清单。有人觉得，列任务清单是个枯燥沉闷、令人不快的工作。如果是这样，那么试着列个"不做清单"：把一旦写下来就不必再为之操心的事情列成清单。正如我们在讨论蔡氏效应时看到的那样，当你想忽视未完成的任务，你的无意识就会像耳朵虫不断播放没播完的歌曲一样不断念叨那个任务。拖延或者强迫自己忘掉，都不能让那个唠叨声从你的大脑里消失。

但是一旦你做了具体计划，你的无意识就会消停。你需要至少计划出具体的下一步：做什么，与谁联系，如何联系。（见面？电话？电子邮件？）如果你还能计划出具体什么时候在哪儿做，那再好不过，不过一般没这个必要。只要你决定了做什么并列在清单上，你的无意识就能放松。

💡 启示 5：当心计划谬误

不管什么时候定目标，你都要当心心理学家所说的计划谬误（planning fallacy）①。它影响着每个人，从年轻的学生到老练的经理人。你最后一次听说哪条公路或者哪栋大楼提前 6 个月完工是什么时候？超过期限和预算才是常态。

有个实验对计划谬误进行了量化，这个实验的被试者是正在写学士论文的大四学生。心理学家罗杰·比勒（Roger Buehler）及其同事让这些大四学生预测自己最有可能何时完成论文，还要预测最坏的情况下何时完成，最好的情况下何时完成。平均而言，这些学生预测要花 34 天完成，但是最后实际上花了近两倍的时间——56 天。只有少数几个学生在最短预测日期之前完成。最长预测日期基于所有事情都尽可能不顺利的假设，因此应该很容易在此之前完成——毕竟，所有事情都不顺利的可能极小——但是实际上，学生在最长的预测日期之前也很难完成。在最长预测日期之前完成的学生还不到一半。计

---

① 计划谬误指的是人们总是过高估计自己在达到一个目标上所花费的时间、金钱和精力。

划谬误会影响每个人，但会让那些期望在最后一分钟集中冲刺的拖延者付出最大代价。最后一分钟集中冲刺的策略一般没用，除非他们在最后期限前给自己留下大量时间，但是他们一般不这样做。他们会低估完成任务所需的时间，然后发现剩下的时间太少，不足以把任务做好。

有个方法可以避免计划谬误，那就是强迫你自己想想你的过去。如果泰斯那个"拖延王"学生认真想过以前的学期论文自己花了多长时间写完，她也许就会为下篇学期论文留出不止两个小时的时间。在学士论文实验中，当实验人员指导学生按照以前的项目制订未来的计划，学生在预测论文完成日期时就更符合实际。另外一个发现是，学生对其他学生论文完成时间的预测要符合实际得多，因此要准确得多。不管是不是严重的拖延者，我们都倾向于不要过于乐观地看待我们自己的工作，所以最好让别人审查一下我们的计划。你可以写一封简短邮件附上你的计划提要，或者只是在谈话中简要介绍一下你的计划。或者，你可以做得更系统一些（但并非同时变得太复杂），借用阿隆·帕泽尔用过的那个管理技巧。用了那个管理技巧，帕泽尔带领Mint.com从一个新成立的小公司发展成一家为400多万客户记账的大公司。

"我们不过是让我们的管理人员以及其他员工定下周最高目标，"帕泽尔说，"你的目标不能超过3个，最好是少于3个。每周我们回顾上周做了什么，是否实现了那些目标，然后每个人为本周定下3个最重要的目标。如果你只实现了一两个目标，没有实现 3 个目标，也没关系，但是你只有把 3 个目标都完成了，才能继续去攻克其他目标。就是这样，我们就是这样管理的。很简单，但是它强迫你设置优先次序、分清轻重缓急。而且，很严格。"

💡 启示 6：不要忘了小事情

随着你为目标而奋斗，你的大脑会自动削减你用在其他方面的意志力。记得第 1 章讨论过的那些面临考试的大学生——那些在换袜子、洗头发、洗碗、饮食方面变得松懈的大学生吗？对他们而言，为了集中精力准备考试，在那些事情上削减精力，似乎是公平的代价。但是这对那些必须闻他们的臭袜子味、清理他们弄乱的房间的室友来说，可能并不公平。而且，由此引发的争吵可能令每个人都筋疲力竭。长期下去，邋遢会让你的精力变少，让你的人际关系变坏。

忘了那个在肮脏阁楼上饥肠辘辘地日夜奋战创造出伟大作品的艺术家形象吧。想要意志力发挥最大效果，你必须很好地满足身体的基本需求，从饮食和睡眠开始。你可以放纵自己吃甜点，但一定要定期吃足够的健康食品，这样你的大脑才有足够的能量。睡眠甚至比食物更重要：研究者对睡眠剥夺研究得越多，所发现的睡眠剥夺的不良影响就越多。夜里睡眠不足，早晨喝一大杯咖啡也弥补不了。有句俗话说，早上的事物看起来更好，这不是光线变化的问题，而是精力损耗的问题。得到充分休息的意志——更强。

　　提高意志力的另外一个简单而老套的方法是，稍微花点意志力保持干净整洁。正如我们在第7章描述过的那样，在看到脏乱的桌子与看到干净的桌子后，或者，在浏览了恶俗的网站与设计得井井有条的网站后，人们在前面那种情况下意志力较弱。你也许并不在意你的被子是否叠了、你的桌子是否干净，但是这些环境线索会微妙地影响你的大脑和你的行为，让你最终觉得较难自律。秩序感对意志力的提升至关重要。

　　还要当心其他类型的线索以这种或那种方式影响你的行为。有些日常活动会滋养出坏习惯：上班路上经过甜甜圈店，下午茶时间抽烟或狂吃巧克力，下班后喝酒，大晚上坐在舒适的椅子上边看电视边吃冰激凌。要想戒掉这些坏习惯，最好改变日常活动规律。走另外一条路去上班，下午茶时间去散步，下班后去健身，只在饭桌旁吃冰激凌，看电视期间做仰卧起坐，不要在你工作的电脑上上网闲逛。戒除根深蒂固的坏习惯，比如抽烟，就在假期戒。那个时候，你远离着能让你想起香烟的人、事、景。

💡 启示 7：积极拖延的力量

　　拖延一般是个恶习，不过偶尔——非常偶尔——也是积极的。在前面那章，我们讨论了一个实验。在这个实验里，与告诉自己绝不要碰巧克力的人相比，告诉自己稍后再吃巧克力的人能更好地抵制巧克力的诱惑。这个延迟享乐策略对抵制其他诱惑也有用。如果电视节目吸引住了你，让你无心工作，那就把这个节目记下，告诉自己日后再看。你也许发现，一旦完成了工作，无须找借口拖延了，你其实根本就不再想看那个节目。将坏事往后拖延，也许最后就不做了。

一个爱挑战最后期限的阿耳冈昆圆桌会议（Algonquin Round Table）①会员罗伯特·本奇利（Robert Benchley）确认了另外一类更含糊的积极拖延。插一句，他的同事多萝西·帕克（Dorothy Parker）一次没有按期向《纽约客》交稿时给出了史上最牛的借口："有人在用我的铅笔。"在一篇讽刺小品文中，本奇利解释了自己是如何运用意志力阅读一本有关热带鱼的科学文章、打造一个书橱、把书放在书橱以及给朋友回信的（这封信和其他杂物一直堆在他的桌子上20年了）。其实，他只需列个本周任务清单，把上述任务放在他的第一要务——写作——之下。

"我做事的精力和效率令人难以置信，其中的秘诀很简单，"本奇利写道，"心理原理如下：任何人都可以做无限多的事情，只要不是现在就做。"

本奇利说的这个现象，鲍迈斯特和泰斯在学期论文研究中记录过：拖延者一般会做些其他事情来回避某个任务，他们很

① 这个组织是20世纪20年代左右纽约市一些作家、评论家、演员形成的一个非正式聚会。——译者注

少坐在那里什么也不做。但是，这个习性可以更好地利用起来，正如雷蒙德 · 钱德勒（Raymond Chandler）认识到的那样。

💡 启示 8：别无选择

正如我们在第 5 章提到的那样，安东尼 · 特罗洛普之所以是个多产的作家，很大原因在于他的写作方法。但是，如果你无法像特罗洛普那样，把钟表放在旁边，看着钟表，每隔 15 分钟写出 250 个单词呢？幸运的是，一般人还可以使用另外一个策略，就像纳闷怎么会有每天都能写出文章的作家钱德勒一样。

写出了《长眠不醒》（*The Big Sleep*）等经典侦探故事的钱德勒，有自己的一套写作方法。"我等待灵感。"他说。但是，他的等待不是漫不经心的，而是有方法策略的。他认为，职业作家需要每天为写作至少留出 4 个小时："他不一定非得写，而且，如果他不想写，他就不该硬着头皮写。他可以看着窗外，或者练习倒立，或者在地上打滚，但是他不可以做其他事情，不阅读、不写信、不看杂志、不开支票。"

这个别无选择（nothing alternative）策略非常简单，但对付拖延非常有效，不管是拖延哪种任务。你的任务也许不如钱德勒的独立、明确，但是专门留出时间只做一件事情仍能让你受益。例如，你可以每天早晨先把 90 分钟投入到你最重要的目标上，不看电子邮件、不接电话、不在网上瞎逛，只是像钱德勒那样做：

> 要么写作，要么什么都不做。学校维持纪律应用的是同一原理。如果你让小学生守规矩，他们就会仅仅为了避免无聊而学些东西。我觉得这有用。只是两条非常简单的规则：（1）你不一定非得写；（2）你不能做其他事情。剩下的就是自然而然的了。

剩下的就是自然而然的了。以攻为守，好像就能这么省力。钱德勒把我们前面讨论过的几个策略整合起来了。别无选择是个明线规则：一条清晰明显、不会弄错的边界，就像埃里克·克莱普顿和玛丽·卡尔发誓不喝酒一样。钱德勒独有的规定——"如果我写不出来，那么我就什么都不做"——也是个实施意向，就是那个经证明可以减少意志力需求的具体的"如果……那么……"计划。如果你进商场时带着一个坚定的实施意向，像"如果我买衣服，那么我只买我用钱包里的现金买得起的衣服"，那么你会更容易抵制疯狂购物的冲动。这种规定，你多遵守一次，它就变常规一些，直到最终自动发生，而你获得了一个保存意志力的长效方法：习惯。

当然，如果你去服装店时不带信用卡，那么你会更容易抵制疯狂购物的冲动。预设底线是终极进攻武器。买小包装的垃圾食品，或者完全不在厨房里放垃圾食品。以周为单位计划每日三餐，不要在正餐时间已过而你很饿的时候决定吃什么。如果你想要个孩子，那么做个计划，每月自动从工资里扣除一笔钱存起来，一直存到 1 万美元，这样你就不会在初为父母、无法好好睡觉的那几个月为钱发愁。如果喜欢赌博的你要去某个有赌场的地方，那么提前让赌场把自己列入"赢了钱也拿不到钱名单"。为了预设底线不做其他事情，用软件程序（比如名叫 Freedom 的软件程序）锁住网络，让你在规定时间内不能上网。

预设底线有助于你避免我们前面讨论过的情绪温差：在理性、冷静的"低温"状态，体会不到在充满激情和欲望的"高温"状态有何表现。自我控制问题最常见的一个原因是，过分相信自己的意志力。在最近的一项研究中，研究者邀请吸烟者打赌：在看电视期间嘴里叼根香烟但始终不抽。很多吸烟者赌了，最后输了。更好的方式是预设底线，也就是把香烟放在其他地方。

💡 启示 9：追踪了解

不管你做了什么计划，监控都十分关键——甚至，即使你根本没做计划，监控也是有用的。每天称体重、写饮食日记可以帮助你减肥，就像记账可以帮助你少花钱一样。仅仅在每天早晚记下写作字数，连不能像特罗洛普那样完成每日定额的人也可以受益：仅仅是知道你必须写下多少字数，也会防止你拖延（或者去做那些很好但无助于写作的事情）。监控越认真越好。每周称一次体重，好；每天称一次体重，更好；每天称一次体重并把结果记录下来，最好。

自我监控可能是件枯燥的事情，但是现在比以往任何时候都更容易做这件事，这多亏了一些新工具。正如我们在第5章讨论过的那样，你可以让Mint等程序监控你的信用卡和银行交易、制定预算、监控进展。你可以通过电子邮件或者带有Xpenser 或TweetWhatYouSpend之类程序的微博给你发信息来监控你的现金花费。企业家们争相监控你生活的方方面面——你的健康、你的心情、你的睡眠——登录量化自我（Quantified Self）和生活黑客（Lifehacker）之类的网站，你可以找到几十个这样的产品。

除了提供即时鼓励外，监控还让你改进长期计划。如果你做记录，那么你可以定期检查进展，进而设置更符合实际的目标。当你松懈或者违规，当你认为自己怎么都不好，你可以回顾一下你的进展，这样你就会有所改变。如果有个图表显示过去6个月你的体重在稳定地降低，那么本周长了两磅就不那么令人沮丧。

💡 启示 10：经常奖励

定目标的同时，也要定下实现目标后的奖励——而且不要把自己限定得太死。如果你只用意志力拒绝东西，那么它就成了残忍讨厌的防守工具。但是，当你用意志力获得东西，你就能从最枯燥的任务中体会到乐趣。我们批评过自尊运动人人有奖的理念，但是奖励"真成就"是对的。正如我们在讨论教养方式那章看到的那样，成功的自制力培养策略，不管是英国保姆提供的，还是亚裔美国母亲提供的，还是电脑游戏设计者提供的，都涉及奖励。在学习和工作上好像一点自制力都没有的年轻人，能集中精力 4 个小时打电脑游戏，而在电脑上打游戏使用的技能就是在电脑上工作使用的技能：看着屏幕上的信息，平衡短期目标和长期目标，做选择，点击。电脑游戏业之所以有令人惊讶的发展速度（其收入现在与好莱坞匹敌），是因为其设计者有空前的机会来观察人们对激励的反应。

在线游戏本质上是史上最大的激励实验。从几百万在线玩家那里获得即时反馈，游戏设计者就能准确了解哪些激励有用：经常有小奖，偶尔夹杂大奖。即使输了战斗或者犯了错误或者丢了性命，玩家也仍然有很高的动机，因为游戏的重点是奖励而不是惩罚。玩家并没觉得失败了，只是觉得尚未成功。

那种感觉就是我们应该在现实世界追求的，为了追求这种感觉，我们可以在通往成功的路上不时奖励自己。实现一个大目标，比如一年不抽烟，就配得到一个大奖励——最起码可以用你不买香烟节省下来的钱犒劳自己，比如在一家豪华餐厅大吃一餐。但是，同样重要的是为每个小进步设置一个小奖励。绝不要低估小奖励的激励作用。你怎么让人们花两分钟时间认真刷牙？卖给他们一支电动牙刷，他们刷牙满两分钟，就可以看到电动牙刷上露出一个笑脸。博朗（Braun）有几款这样的电动牙刷。电动牙刷上的笑脸也许对你没用，但是其他激励应该对你有用。埃丝特·戴森喜欢跟别人讲自己是如何在多年未能定期用牙线洁牙后想出恰当激励的。正如我们前面提过的那样，她在生活其他方面非常自律，包括强迫自己每天游泳1小时。一天晚上，她脑子里突然一亮："如果我今晚用牙线洁牙，那么我明天就让自己少游5分钟。那是4年前的事情了，自那以后我就每晚用牙线洁牙了。难以置信的愚蠢，但令人惊讶的有效。每个人都需要找到自己的小奖励，而且必须是对自己有用的小奖励。"

自我控制的未来

直到最近的最近，人们的自我控制大多还依赖传统方法：把这一控制任务"外包"给神明，或者至少是教友。神明训诫和教友压力，让宗教成为大部分历史时期最强大的自我控制工具。今天，尽管某些地方宗教在衰退，但是人们学会了其他外包方法——外包给朋友、给智能手机、给监控行为和设置赌局的网站、给在同一教堂做礼拜的邻居、给互联网上的社交网络。那些新工具，可以量化我们做的每件事情并把结果分享给我们所在的新社交网络。与此同时，越来越多的人认识到了，意志力弱是很多个人问题和社会问题的核心。社会现代化了后，新富人群容易纵容自己吃以前不能吃的（或者买不起的）

水果，但是最终会寻找更好的生活方式。

自我控制的要点并非仅仅是提高"效率"。今天的人，不必像本杰明·富兰克林和维多利亚人那样勤奋地工作。19世纪，工人一天里很难有一小时自由时间，而且想都没想过退休。今天，我们成年人只把五分之一的清醒时间用在了工作上。剩下的时间是意外的礼物——人类历史上空前的福利——但是享受这个礼物需要运用形式空前的自制力。我们有太多人喜欢拖延，即使是在享乐上，因为我们在估计行为经济学家所说的"资源冗余"时容易屈服于计划谬误。我们假定，我们将来会奇迹般地比今天有更多自由时间。同一个任务，如果一星期后验收，很少会有人接受，如果3个月后验收，那么很多人会接受，然后发现自己没有时间做。研究者把这叫作"好的……去他的"效应。

而且，我们不断推迟享乐，比如去动物园或者周末踏青。这种拖延如此普遍，以致航空公司因未兑现的赠送里程以及其他公司因未兑现的礼品每年一共省下几十亿美元。像病态吝啬鬼最后为节省而后悔一样，拖延享乐者最后为能去的旅行没去、能享受的乐子没享受而后悔。不管你是在工作还是在玩耍，以攻为守，你的快乐就会更多、压力就会更少。你的梦想也许是在一个热带岛屿住三个星期而什么事也不做，但是不提前做计划你就去不了那里——而且，对工作狂来说，还需要立下几条禁止在天堂工作的明线规则。

说到底，自我控制远远不只是自我帮助。它对享受人生、与所爱之人分享快乐必不可少。鲍迈斯特用实验证明了的所有那些好处中，最鼓舞人心的是：意志力越强的人，越乐于助人。他们更可能捐钱给慈善事业，更可能做义工，更可能把自己的房子提供给无处可去的人作为临时住所。意志力之所以得到进化是因为，它对我们的祖先与族内其他人相处必不可少，而且它今天仍然在履行那个功能。自律仍然通往仁慈。

所以，尽管自我控制有着本书描述过的所有那些缺陷和弱点，但是我们仍然有理由看好自我控制的未来。意志力仍在进化。最近我们很多人屈服于新的诱惑，前方还有很多意外的挑战。但是，不管出现什么新的威胁，人类都有能力应付。我们的意志力让我们成为地球上最具适应力的生物，我们正在重新探索运用意志力的方法。我们再次了解到，意志力是我们这个物种独有的一个美德，它让我们每个人都变强。

致　谢

　　这本书的问世，得到了很多人的帮助；此外，有很多人以各种各样的方式做出了贡献，让这本书变得更好，我们要感谢他们。首先感谢我们杰出的文稿代理人克里斯·达尔，他帮助我们形成思想，还把我们引荐给我们的编辑安·古德奥夫。我们深深感谢安的支持和指导，她头脑一直清晰，从未失去耐心。我们还要感谢企鹅出版社团队的其他成员，特别是林赛·惠伦和亚米·安格拉达，还要感谢ICM的劳拉·尼利，他们所有人的意志力好像都取之不尽用之不竭。

　　我们要特别感谢与我们讨论过自己的研究、为本书提过建议的同事。首先感谢丹·艾瑞里，是他最初提议做这个项目。然后感谢凯瑟琳·沃斯，自我调节研究文献发展迅速，她指出了其中的具体发现和趋势，对我们帮助特别大。我们还要感谢乔治·安斯利、伊恩·艾尔斯、杰克·贝格、沃伦·毕克尔、贝尼迪克特·凯里、克里斯托弗·巴克利、曹路德、皮埃尔·尚东、亚历山大·谢尔勒夫、斯蒂芬·都伯纳、埃斯特·戴森、斯图尔特·埃利奥特、伊莱·芬克尔、卡特里恩·芬肯奥尔、威妮弗雷德·加拉格尔、丹尼尔·吉尔伯特、詹姆斯·戈尔曼、托德·海瑟顿、威廉·霍夫曼、沃尔特·艾萨克森、迪安·卡兰、拉恩·科维茨、吉娜·科拉塔、乔纳森·勒瓦夫、乔治·洛温斯坦、迪娜·波梅兰兹、迈克尔·麦卡洛、威廉·拉什鲍姆、马丁·塞利格费、皮尔斯·斯蒂尔、琼·坦尼、加里·陶布斯、黛安娜·泰斯、琼·特温吉、克里斯蒂娜·惠兰以及吉姆·沃顿和菲尔·沃顿。

我们在本书中讲了一些故事，我们要感谢这些故事的主角，包括阿曼达·帕默尔、吉姆·特纳、戴维·艾伦（蒂尔尼仍然在使用他的GTD系统）、德鲁·凯里、大卫·布莱恩、埃里克·克莱普顿、玛丽·卡尔、德博拉·卡罗尔、辛迪·保罗及其家人，以及奥普拉·温弗瑞。我们要特别感谢技艺精湛的传记作家蒂姆·吉尔，他慷慨地提供了有关亨利·莫顿·斯坦利的信息，还帮助我们审查了本书相关章节的历史准确性。阿隆·帕泽尔、马莎·肖内西以及Mint.com团队的其他人——包括克里斯托弗·莱什纳、亚克·贝利桑、T·J·桑维、戴维·迈克尔斯和托德·曼策，好心地为我们辛苦分析了20多亿次财务交易。

为了方便鲍迈斯特做研究，佛罗里达州立大学给他批了公休假，接受他做访问学者的加州大学圣巴巴拉分校也给他批了安息假，特别是，佛罗里达州立大学给他提供了与弗朗西斯·埃普斯杰出学者（Francis Eppes Eminent Scholar）教授职位有关的机会。他的有些研究得到了国家卫生研究所（National Institutes of Health）"自我控制与压力"（Self Control and Stress）基金的支持。他在本书引用了自己以前发表的研究，这些研究也得到了国家健康研究所以前的研究基金"自我损耗模式与自我控制失败"（Ego Depletion Patterns and Self-Control Failure）基金的支持，他在此同样表示感谢。

蒂尔尼在研究过程中得到了足智多谋的尼科尔·文森特–罗勒的帮助。尼科尔是哥伦比亚大学创意写作班的研究生，哥伦比亚大学要求艺术硕士参加研究实习项目，她的一部分实习就是在蒂尔尼那里做的。感谢她，以及研究实习项目的总监帕特里夏·奥图尔。

最后，我们想感谢我们的家人，特别是黛安娜和雅典娜、达拉和卢克，我们在写这本书的过程中也有意志力耗尽的时候，感谢他们在那些时候忍受我们。他们的支持一直鼓舞着我们。